AF537934

# SOMMERWIESE

**„Sommerwiese“ widme ich:**

*Vergissmeinnicht.*

*Levin, Jannis, Ann-Kathrin und Florian,*
*die mit Vorliebe im Gras liegen, um Sternschnuppen*
*zu zählen oder Murmeltiere zu beobachten.*

*Oma und Opa aus Duisburg,*
*die mit mir zur schönsten Blumenwiese der Welt reisten.*
*Dorthin, wo die vierblättrigen Kleeblätter wuchsen.*

*Meinen Eltern,*
*die mich durch die Feldmark, auf Waldwiesen, ins Moor oder*
*in die Heide führten und das Pilzesammeln lehrten.*

DANIELA STRAUß

# SOMMER —WIESE

Zwischen Grashalmen und Wildblumen: Einblick in eine unbekannte Welt

KOSMOS

# INHALT

*Löwenzahn*

# Vorwort

MIT ABLAUF DER „KALTEN SOPHIE“ am 15. Mai galt unser Gartenboden als frostfrei und warm. Ein Grund zum Jubeln, denn nach den Eisheiligen durften meine Schwestern und ich barfuß gehen. Der Sommer war da! Auf dem Rasen hinter unserem Haus hielten wir nach vierblättrigen Kleeblättern Ausschau, pflückten Gänseblümchen, sammelten Löwenzahngrün für Schnecken, sahen Regenwürmer aus der Erde kriechen, verfolgten den Flug gelb gepuderter Hummeln, beobachteten das Raspeln der Wespen an Falläpfeln, duschten mit Amseln unter dem Sprenger, warfen Bälle, ließen Hula-Hoop-Reifen kreisen, gaben Zirkusvorstellungen und vieles mehr. Ein Eldorado für Kinder und eine Reihe von Tieren. Tummelplatz und Lebensraum.

Einen Schritt durch die Hintertür hinaus in die Feldmark und schon bald liefen wir inmitten eines Meers aus Farben. Wiesenblumen bis zum Horizont. Von all der Pracht stehen mir das Blau der Kornblumen und das Rot der Mohnblumen bis heute ganz besonders vor Augen. Getreidefelder, Wegraine und Ödland waren übersät davon. Sowohl diese beiden als auch der Rainfarn, die Kamille, die Zaun-Wicke und weitere Schönheiten landeten im Herbarium. Sorgfältig getrocknet, eingeklebt und beschriftet. Sträuße in allen Tönen des Regenbogens schmückten unser Wohnzimmer; zum Muttertag gab es rosa. Auf den Feuchtwiesen stand zu dieser Zeit das Wiesen-Schaumkraut in voller Blüte.

Am Wochenende und in den Ferien war unsere Familie landauf, landab unterwegs. Mit dem Fahrrad ging es an Weiden mit Kühen und Pferden vorbei zum Bissendorfer Moor. Dort bestaunte ich erstmals das Gemeine Fettkraut, eine fleischfressende Pflanze. Ausflüge in die Lüneburger Heide gipfelten in einem Picknick inmitten der Besenheide, betört vom Lila des Flors und eingelullt vom Summen der Bienen. In der Pilzsaison wurden die Körbe mit Champignons gefüllt. Ein Spaß wie die Ostereiersuche im Frühjahr. Meine Großeltern entführten uns Enkelkinder einmal jährlich in die Rhön. Umgeben von den herrlichsten Bergwiesen verbrachten wir dort den Sommer. Den lieben langen Tag im Freien zwischen Grün und Bunt, in Gesellschaft von Haushühnern und Marienkäfern.

Gras unter nackten Sohlen, am besten feucht und taufrisch. Immer wieder aufs Neue schwelge ich in diesem Gefühl. Ob Süßgras oder Sauergras, hüfthoch oder knöcheltief, im Garten oder in der freien Landschaft – meine Füße erhalten regelmäßig Luft und das Kitzeln der Halme als Geschenk. Eine Wonne! Währenddessen krabbelt mir allerlei Getier zwischen oder über die Zehen. Meine Ohren lauschen der Vogelmusik und dem Grillenkonzert. Die Nase erschnuppert Blütenaroma und Kräuterduft. Insektenjäger und Nektarsammler umschwirren mein Haupt. Der eine oder andere Schuppenträger huscht vorbei und Vierbeiner im Pelz lenken den Blick auf sich. Ein Bad in der Sommerwiese!

„Sommerwiese" – was verbirgt sich hinter dieser Komposition? Da ist zum einen das Wort „Sommer", die Jahreszeit zwischen Frühling und Herbst; Pendant des Winters. Der Klang zaubert vielen von uns ein Bild von Sonne, Wärme, Farbenpracht, Lebenslust und Muße ins Herz; Draußensaison mit Badespaß und Grillgenuss. Meteorologisch ist seine Definition eindeutig: die Periode vom 1. Juni bis zum 31. August gilt bei uns als Sommer. Kalendarisch variiert das Datum, denn es richtet sich nach dem Sonnenstand. Gemäß der Astronomie beginnt der Sommer auf der Nordhalbkugel mit der Sommersonnenwende am 20., 21. oder 22. Juni und endet mit der Tagundnachtgleiche am 22. oder 23. September. In diesem Buch steht der Begriff „Sommer" Pate für die Jahreshälfte von März bis September, vom Beginn der Gänseblümchen-Blüte bis zum Abzug der Taubenschwänzchen. Eine Spanne, welche die Vegetationsperiode der meisten Pflanzen sowie die Fortpflanzungszeit vieler Tiere umfasst.

Das Wort „Wiese" steht stellvertretend für sämtliche Grünflächen, die weitgehend baumfrei sind – von den Salzwiesen unserer Meeresküsten und den Feuchtwiesen an Flüssen oder Seen, über die Moore und Heiden, die Rasen in Gärten und Parkanlagen sowie die Brachen und Säume in unserer Feldflur bis zu den Almen und Matten der Alpen. Diese können sowohl nass als auch trocken, hochwachsend oder kurzrasig sein und zur Heugewinnung oder als Viehweide, Liegewiese oder Spielplatz genutzt werden. Allen gemeinsam ist: Hier gibt es viel zu entdecken!

Jedes Stockwerk der Sommerwiese ist belegt. Aus der Tierwelt präsentieren sich die Kellerkinder, die das Reich unter der Erde regieren und ihre Köpfe nur selten in den Wind halten; die Himmelsstürmer, die über den

Grasspitzen taumeln und in oder aus der Höhe nach Nahrung Ausschau halten; die Bewohner des Erdgeschosses, die ihrem Tun in der Bodenstreu nachgehen, und ihre Nachbarn aus der ersten Etage, die auf Blättern oder Stängeln hausen sowie die Untermieter der Mansarde, deren Gefilde die Blüten sind. Unter ihnen leben Frühaufsteher, Mittagsschläfer, Nachteulen, Sonnenanbeter, Schattenfreunde und Kälteanhänger. Die Flora kommt unscheinbar oder farbenprächtig, ein- oder vielblütig, tief- oder breitwurzelnd daher. Für Abwechslung sorgen die Pilze mit dem Formenreichtum ihrer Fruchtkörper von gewöhnlich bis bizarr. Manche groß und auffällig, andere klein und versteckt.

Schwärmereien, Rückblicke, Anekdoten, Schilderungen, Kuriositäten und Wissenshäppchen bilden die Fäden des Teppichs, der liebevoll geknüpft und ausgebreitet in Ihren Händen liegt. Kunterbunt und verheißungsvoll. Kraft seiner Magie möchte ich Sie zu einer Spritztour in die Sommerwiesenwelt verführen und inspirieren, mit Achtsamkeit über das Gras unserer Umgebung zu schweben und sich von der Fülle im Grünen bezaubern zu lassen.

Der Flug beginnt in der Morgendämmerung und dauert bis in die Nacht hinein. Auf den Zwischenstationen lustwandeln wir über Bergwiesen, bewundern Enziane und Orchideen, lernen Hexenspucke kennen, begleiten den Umzug der Spinnen, besuchen das Schmetterlingsschlaraffenland, spüren Maikäferbeinchen auf unseren Fingern, laufen auf der Ameisenautobahn, linsen ins Innere eines Bienenstocks, teilen unseren Kuchen mit Wespen, sind Zeuge bei der Zerlegung einer Heuschrecke, gaukeln mit Greifvögeln am Himmel, riechen den Duft des Regens, finden Parasitenpilze, lauschen den Pfiffen der Murmeltiere und dem Röhren der Hirsche, werden auf der Salzwiese vom Meerwasser überschwemmt, vergleichen die Zähne der Kleinsäuger und warten im Klappstuhl auf den Maulwurf.

Sie sind herzlich eingeladen, meinen Fliegenden Wörterteppich zu besteigen und mir auf dem Streifflug über die Sommerwiesen zu folgen, sowohl in der Fiktion als auch in der Realität. Das Abenteuer beginnt direkt vor der Haustür. Dabei wünsche ich Ihnen viel Freude und Erlebnisse, die im Gedächtnis bleiben. Gute Reise!

*Daniela Strauß*

*Morgenstimmung über der Sommerwiese*

# GRÄSER – LEBENSGRUNDLAGE FÜR GROSS UND KLEIN

MORGENDÄMMERUNG. Dicht an dicht prangen die Silhouetten von Bäumen und Büschen in der Dunkelheit. Der Himmel ist klar und wolkenlos. Ein Regenbogen in Blautönen aller Schattierungen und Nuancen ergießt sich über das Firmament. Die Blaue Stunde. Satt und stimmungsvoll. Hoch oben glänzt noch die Venus im Schwarzblau der Nacht – Sinnbild der Liebe und Schönheit. Die nächste Schicht ist bereits eine Spur blasser. Allmählich wird es heller. In Höhe der Wipfel schimmert es schließlich weißblau. Zart und verschwommen. Ein Hauch von Rosa verkündet den Aufzug der Sonne. Der Tag verspricht herrlich zu werden.

Das Schild am Ortsausgang weist mir die Richtung. Im Zwielicht entdecke ich den Pfad, der mich in die Berge führen wird. Er ist gewunden und steinig. Los geht's! Schon bald lösen sich die Schatten auf und Einzelheiten werden erkennbar. Die Konturen in der Finsternis entpuppen sich als Tannen oder Kiefern, Buchen oder Eichen, Ahorne oder Kastanien, Pappeln oder Mehlbeeren. Eine Hecke aus Weißdorn, Haselnuss, Holunder und Brombeere säumt meine Schritte. Flott schreite ich voran. Es ist angenehm kühl und still. Das Ensemble des Vogelchors hat nach der Konzertsaison im Frühling seine alljährliche Gesangspause eingelegt.

Hinter der nächsten Biegung öffnet sich eine Lücke im Wald und gibt den Blick frei auf offenes Terrain. Gerade ist die Sonne am Horizont erschienen und verzaubert mit ihrem Licht den Augenblick. Die Welt schimmert honigfarben. Unmittelbar vor mir erstreckt sich ein Meer aus goldfunkelndem Grün. Eine Sommerwiese wie aus dem Bilderbuch. Bedacht stelle ich den Rucksack ab, lasse mich auf einem Stein nieder und folge der Einladung zum Verweilen. Eine Brise lässt die Halme der Gräser zittern.

## *Wiese oder Weide?*

Die Mahd hat in diesen Tagen begonnen. Im Hintergrund lagern Heuballen auf kurz geschorenem Boden, groß und rund. Die Art, aus der jeden Sommer eine Vielzahl von Giganten kreiert wird: übereinander gestapelt und fantasievoll als Brautpaar, Bauernfamilie, Tierfigur, Fahrzeug oder anderes Riesenobjekt dekoriert. Eine Fahrt über Land kann sich in dieser Saison rein zufällig zum Freilandmuseumsbesuch ausdehnen. Heuballenkunstwerke schmücken die Straßenränder rund um die Ortschaften und machen nebenbei häufig auf Feste oder Feiern, Märkte oder Verkaufsstände aufmerksam.

Offenbar wird die Graslandschaft zu meinen Füßen für die Heugewinnung genutzt und gilt damit im engeren Sinne ganz offiziell als Wiese – im Gegensatz zur Weide. Ein Name, der uns verrät: Hier wird geweidet, und demgemäß handelt es sich dabei um Grünland, auf dem Rinder, Pferde, Schafe oder andere Tiere aus der Viehwirtschaft grasen. Sind solche Futterplätze durch Zäune oder Hecken begrenzt, werden sie auch Koppel genannt.

Dessen ungeachtet findet der Begriff „Wiese“ im allgemeinen Sprachgebrauch Verwendung für Grasflächen jeder Art, ob mit oder ohne Vierbeiner; insbesondere dann, wenn das Grün einem Teppich aus Tausendundeiner Nacht gleicht und mit Blüten durchsetzt ist, die bunt und farbenfroh sind. Manchmal weiden daher Kühe auf Wiesen und ein andermal steht die

*Mähwiese nach der Mahd*

Frage im Raum, wie das tropfnasse Heu nach einem Gewitterschauer am besten von der Weide abtransportiert werden kann. In letzterem Fall mag es sich um eine Mähweide handeln, eine Mischung aus Wiese und Weide. Diese wird in der Regel höchstens ein- bis zweimal im Jahr gemäht und fungiert zwischenzeitlich als Futterplatz für das Vieh. Mahd und Beweidung wechseln sich ab.

Des Weiteren dienen Mähwiesen der Erzeugung von Silage oder Heulage; Grasschnitt, der getrocknet, gepresst, luftdicht verpackt und durch Milchsäuregärung konserviert wird. Auf abgemähten Wiesen sind solche Ballen an der weißen oder schwarzen Kunststoffumhüllung zu erkennen. Der Unterschied: Für Silage wird junges Gras verwendet. Die Ernte erfolgt früher als jene für die Herstellung von Heulage und Heu. Alle drei Produkte werden als Futter für Nutz- und Haustiere eingesetzt.

Wiesen und Weiden sind in der Regel vom Menschen geschaffene Lebensräume. Unterbliebe das Mähen oder Abweiden, würden die Flächen verbuschen und Wald entstehen. Ausnahmen bilden die Matten des Hochgebirges oberhalb der Baumgrenze, Trockenrasen an steilen Hängen oder auf Sand, Grastundren, Steppen oder Savannen. Der Standort und hiermit einhergehende Umweltbedingungen wie Wasserverfügbarkeit, Nährstoffangebot oder Klima sowie die Bewirtschaftung beeinflussen die Pflanzenbestände dieser naturnahen Kulturlandschaften. In Abhängigkeit davon, ob die Grünflächen intensiv oder extensiv genutzt werden, gestaltet sich deren Flora monoton oder reichhaltig.

## *Es grünt so grün*

Ob intensiv oder extensiv, monoton oder reichhaltig, vorherrschend ist in jedem Fall die Farbe Grün. Grasgrün. Im wahrsten Sinne des Wortes, denn Gräser in Grüntönen jeglicher Couleur sind die Hauptakteure dieses Biotops. Genauer gesagt: Süßgrasartige oder Grasartige, so die botanische Bezeichnung der Ordnung, die beinahe alle als Gräser bezeichneten Gewächse unter ihrem Dach vereint und gemäß aktueller Systematik sechzehn Familien enthält. Davon ausgenommen sind lediglich die Seegräser, welche zur Ordnung der Froschlöffelartigen gerechnet werden. Sie alle gehören zu den Samenpflanzen.

Bei den Gräsern handelt sich um Pflanzen mit langen, schmalen Laubblättern, unscheinbaren Blüten und einem fein verzweigten Wurzelsystem. Sie sind überwiegend mehrjährig und windbestäubt; das bedeutet, ihre Bestäubung findet ausschließlich mit Hilfe des Windes statt. Unsere Wiesen und Weiden beherbergen Vertreter aus der Familie der Riedgrasgewächse, der Binsengewächse und der Süßgräser. Letztere bilden die größte Gruppe.

Die Zuordnung der Gräser zu ihrer Familie ist relativ einfach. Ein Blick auf ihre Stängel gibt Gewissheit. Die Halme der Süßgräser sind bei den meisten Arten weitgehend hohl, rund und durch wulstartige Verdickungen, die Knoten oder Nodi, gegliedert. Demgegenüber besitzen Riedgrasgewächse markhaltige Halme, welche knotenlos und mehr oder weniger dreikantig sind. Binsengewächse, die in Österreich Simsengewächse heißen, haben ebenfalls knotenlose Halme. Diese sind typischerweise steif, rundlich und hohl oder markgefüllt.

## *Hüfthoch und fußtief*

In Augenhöhe sehe ich den ährenförmigen Blütenstand des Wiesen-Fuchsschwanzes. Rotbraun und länglich. Pollenfäden hängen daran herab. Er steht in voller Blüte. Seine Scheinähren erinnern in diesem Zustand ganz besonders an Fuchsschwänze im Zwergenformat. Sacht streiche ich mit den Fingern darüber hinweg. Weich wie Fell. Somit ist der Name doppelt gerechtfertigt. Daneben wächst der Wiesen-Schwingel mit seiner lockeren Blütentraube. Ein Gras, das mir ebenso wie sein Nachbar im Stehen bis über die Hüfte reichen würde.

Beide Arten zählen zu den Obergräsern, die hochwachsend und vor allem auf Dauerwiesen verbreitet sind. Sie besitzen kräftige Halme mit großen Blättern, haben wenige Bodenblätter und neigen zur Verholzung. Ihre Wuchshöhe beträgt gewöhnlich zwischen achtzig und einhundertzwanzig Zentimetern, zuweilen bis einhundertfünfzig Zentimeter. Hoch genug, um im Vorbeigehen meine Nasenspitze zu kitzeln.

Untergräser bleiben vergleichsweise kurz. Ihre Wuchshöhe liegt normalerweise zwischen zwanzig und achtzig Zentimetern. Sie haben feine, kurze Halme mit eher kleinen Blättern und einen hohen Blattanteil. Einige Arten können sich mittels Ausläufer oder Rhizome vegetativ vermehren. Diese

Charakteristika ermöglichen die Bildung einer dichten und trittfesten Grasnarbe. Niedrig wachsende Gräser wie das Wiesen-Rispengras oder das Deutsche Weidelgras stehen häufig auf Dauerweiden, wo ihre Entwicklung und Verbreitung durch den Verbiss der Tiere gefördert wird.

## *Mit Zucker bitte!*

Zeit für ein Minifrühstück. Während die Sonne nach oben steigt und den Tag langsam erhellt, knabbere ich genüsslich an einem Keks. Selbstgebacken aus Bananen und Hafer. Mein Standardgetreide für Müsli, Porridge und Wanderproviant gehört zur Familie der Süßgräser. Ein Name, der sich auf den süßlichen Geschmack bezieht – und in der Tat ist ein Vertreter aus den Reihen dieses Clans der wichtigste Rohstofflieferant für die Herstellung von Haushaltszucker: das Zuckerrohr.

Die Familie der Süßgräser hat höchste Bedeutsamkeit. Zu ihr zählen neben Hafer und Zuckerrohr auch Weizen, Gerste, Roggen, Reis, Mais und alle anderen Getreidearten sowie die Mehrzahl der Gräser auf unseren Wiesen und Weiden: Pflanzen, die weltweit zu den wichtigsten Grundnahrungsmitteln gehören. Sie dienen sowohl unserem als auch dem Überleben unserer Nutztiere und einer Unmenge von Wildtieren. Die Samen werden unter anderem zu Back- und Teigwaren verarbeitet, als Hauptgericht und Beilage gereicht, zur Alkoholherstellung und zur Produktion von Viehfutter verwendet. Blätter und Halme sind frisch oder getrocknet ein Schmaus für Weidetiere.

Im Sommer können die verschiedenen Arten der Süßgräser an ihren Blütenständen unterschieden werden. Diese lassen sich grob in Echte Ähren, Scheinähren, Trauben und Echte Rispen einteilen. Gewöhnliche Quecken besitzen Echte Ähren. Deren Einzelblüten sind ungestielt und befinden sich direkt an der Hauptachse der Pflanze. Sie sehen aus wie die klassische Weizenähre, die die meisten von uns beim Klang des Wortes „Ähre“ sofort vor Augen haben, seit alters her ein Symbol für Fruchtbarkeit und Auferstehung. Bei Spaziergängen über Friedhöfe finde ich regelmäßig Grabmäler mit ihrem Abbild als Metapher für ein erfülltes Leben, für Vergebung und die Erwartung der Ewigkeit. Darüber hinaus prangt ihr Bild auf Mehl- und Keksverpackungen, Bäckereischildern oder Weizenbierflaschen.

*Süßgräser-Potpourri: Gewöhnliche Quecke, Wiesen-Fuchsschwanz, Gewöhnlicher Glatthafer und Wiesen-Goldhafer*

Die Einzelblüten der Scheinähren verfügen dagegen über kurze Stiele. Je nachdem, ob diese unverzweigt oder verzweigt sind, handelt es sich um eine traubige oder eine rispige Scheinähre. Der Wiesen-Fuchsschwanz gehört in die letzte Kategorie. Seine Blütlein stehen so dicht beieinander, dass der Eindruck einer Walze entsteht; der besagte buschige Schweif. Hier auf meinem Stein bin ich zu weit weg, um deren Stielchen zu sehen. Außerdem würde sich dieses Detail erst beim Auseinanderpflücken des Fuchsschwanzes zeigen. Deshalb bleibe ich gemütlich am Platz, lasse die Ährenrispe unberührt und genieße ihren Anblick ohne Stichprobe.

Sitzen die Blüten wie bei Gewöhnlichem Glatthafer und Wiesen-Schwingel an längeren Stielen, den Ästen, handelt es sich um Trauben. Bisweilen sind jene ein weiteres Mal zu Doppeltrauben verzweigt. Der Blütenstand ist locker, teilweise sanft nach unten geneigt. Dies trifft gleichermaßen auf die Echten Rispen zu. Deren Äste sind mehrfach verzweigt und mehrblütig. Beispiele hierfür liefern das Wiesen-Rispengras und der Wiesen-Goldhafer.

Die Ansprüche der Arten unterscheiden sich. Ihr jeweiliges Vorkommen gibt uns einen Hinweis auf den Bodentyp und das Habitat. Während das Deutsche Weidelgras oder der Wiesen-Fuchsschwanz frische bis feuchte Fettwiesen mit einem hohen Nährstoffgehalt anzeigen, deuten das Zittergras und die Aufrechte Trespe auf trockene Magerwiesen mit einem niedrigen Nährstoffgehalt hin. Beide vertragen sich nur mit einer extensiven Wirtschaftsweise, wohingegen die Erstgenannten auch intensiv bearbeitet werden können. Das Wiesen-Lieschgras duldet Überschwemmungen, der Wiesen-Goldhafer ist ein häufiges Wiesengras in Höhenlagen und der Gewöhnliche Glatthafer liebt sonnige Talgebiete.

## *Kriechende Lebendigkeit*

Wer einen Garten sein Eigen nennt, hat vermutlich schon mit der Gewöhnlichen Quecke Bekanntschaft gemacht, ebenfalls unter dem Namen Kriech-Quecke berühmt. Ein rasenbildendes Süßgras mit langen weißen Ausläufern, die sich scheinbar endlos unter der Erde ausdehnen, mit einer Geschwindigkeit von bis zu einem Meter pro Jahr. In zwei bis zehn Zentimeter Tiefe kriechen sie waagerecht durch den Boden, um an allen möglichen und unmöglichen Stellen Tochterpflanzen zu bilden. Eine Mutterpflanze kann innerhalb einer Vegetationsperiode bis zu fünfzig Ableger produzieren. Die Spitzen der Triebe durchdringen sogar Holz und Asphalt. Ergänzend werden die Samen vom Wind in alle Richtungen verstreut.

Das Wort „Quecke“ geht auf das althochdeutsche „chec[h]“ oder „quec[h]“ mit der Bedeutung „lebendig; lebhaft“ zurück. Frei mit „Kriechende Lebendigkeit“ übersetzt beschreibt der Artname die Eigenschaften dieses Gewächses damit in phänomenaler Akkuratesse. Es strotzt vor Lebenskraft! Mittlerweile habe ich es aufgegeben, ihm Herr zu werden und wir hausen friedvoll nebeneinander. Leben und leben lassen. Die Gewöhnliche Quecke scheint unverwüstlich und widersteht erfolgreich jeder Verbannung aus meinen Beeten. Eine Eigenschaft, die sie zu einer Pionierpflanze macht. Hartnäckigkeit und Durchsetzungskraft zahlen sich aus, auch in der Welt der Flora.

Gärtner und Landwirte titulieren die Gewöhnliche Quecke als Ungras, das lästig und gefürchtet ist. Es breitet sich ungefragt überall aus und sein Nährwert ist gering. Weidetiere meiden die frischen Halme und Blätter, lediglich im Heu oder in der Silage werden sie gefressen. Einmal eingenistet, ist ein Zurückdrängen schwierig und in vielen Fällen allein mit Unkrautvernichtungsmitteln – der „Chemischen Keule" – oder großem mechanischen Aufwand möglich.

In der Naturheilkunde gilt sie indessen als Heilpflanze mit harntreibender, blutreinigender und entzündungshemmender Wirkung. Die Anwendung erfolgt ausschließlich innerlich. Ein Teeaufguss oder eine Urtinktur aus Queckenausläufern kommen unter anderem bei Entzündungen der Harnwege, Rheuma, Arthritis und Hautunreinheiten zum Einsatz.

Wer eingehend in historischen Rezeptsammlungen stöbert, wird früher oder später ebenfalls auf ihren Namen stoßen. In meinem Regal steht ein Buch der Küchenkräuter aus dem Jahr 1988. Dort schlägt der Autor die Queckenwurzel – womit die weißen Ausläufer gemeint sind – als Würzmittel für Nudeleintöpfe oder Frikassee-Soßen vor. Diese verbessern offenbar den Geschmack, den Nährwert und die Gesundheit. Getrocknet, geröstet und gemahlen können wir uns einen Kaffee daraus brühen. Weiterhin finden die Rhizome Verwendung als Zutat in Kräuterlikören.

Eine Integration in meinen Speiseplan steht bisher noch aus. Die Angaben unter der Rubrik Geschmacksintensität erscheinen mir wenig einladend: würzig (herzhaft-kräftig) = schwach; aromatisch (fruchtig, süß) = schwach; scharf = sehr schwach. Bisher habe ich die Pflanze immer den Schmetterlingsraupen überlassen und geschmacklich attraktivere Rhizome verarbeitet. Bei der Zubereitung von Tee greife ich auf Ingwer zurück und als Gewürz kommt die Gelbwurzel zum Einsatz. Falls mich die Experimentierfreude eines Tages überkommt, brauche ich einzig vor die Haustür zu treten. Die Gewöhnliche Quecke wächst in den Blumenbeeten, unter der Hecke und zwischen den Gehwegplatten. Ihre Rhizome können ganzjährig geerntet und frisch oder getrocknet verarbeitet werden. Optimal sind die Monate März, April, September und Oktober.

## *Weich und tückisch*

Als Kind habe ich die Familienausflüge in das Bissendorfer Moor geliebt. Es liegt nur wenige Kilometer von meinem Elternhaus entfernt, sodass wir bequem mit dem Fahrrad dorthin gelangen konnten. Heutzutage ist es Naturschutzgebiet und sein Betreten verboten. Das Gebiet gehört zu den am besten erhaltenen Hochmooren Niedersachsens. Charakteristisch ist die zentrale offene Moorheidefläche, deren Torfkörper noch großflächig unzerstochen und uhrglasförmig aufgewölbt ist.

Damals war es noch möglich, das Moor auf einem Pfad zu durchqueren. Er führte am Muswillensee vorbei, ein Hochmoorkolk in der Mitte des Areals, der sagenumwoben und geheimnisumwittert ist. Der Legende nach steht auf seinem Grund das versunkene Schloss eines betrügerischen Amtmannes oder Räubers – je nach Version. Mitunter ist der Prunkbau des Nachts bei hellem Mondschein sichtbar. In seinen Tiefen lebte ein schwarzbunter Stier, der einem Hirten täglich das Mittagsmahl und jedes Wochenende ein sauberes Hemd brachte – bis dieser sich eines Tages von seinem Hütejungen vertreten lassen musste. Der Junge hinterließ den geleerten Suppentopf verschmutzt und so unterblieben die milden Gaben des Tieres fortan. Da wir das Moor stets bei Tageslicht aufsuchten, sah ich immer bloß die schimmernde Wasseroberfläche und gelegentlich ein paar Enten; auch ein Bulle hat sich niemals gezeigt.

Der Torfmoos-Schwingrasen flößte mir stets tiefsten Respekt ein. Weich und lieblich lockt sein Polster zum Betreten, barfuß und mit geschlossenen Augen. Tückisch verschleiert die über Wasser schwimmende Vegetationsdecke aus Torfmoosen, Seggen und Binsen die Gefahr, die verborgen unter seiner Oberfläche lauert. Stets achtete ich streng auf den Weg, damit mir das Schicksal einer Moorleiche erspart bliebe. Eine solche hatte ich seit dem Anblick der Mumie des „Roten Franzes“ im Niedersächsischen Landesmuseum in Hannover bildlich im Kopf; mitsamt der Schauergeschichten über Menschen, die auf Nimmerwiedersehen im Moor versanken und verschwanden.

Welch ein Schreck war es folglich, als mein Vater einmal bei einem Fehltritt bis zum Knie in einer Senke mit Moorschlamm versank. Glücklicherweise blieb es bei diesem Herzklopfmoment und einem Schnappschuss für das Fotoalbum, nebst schwarzbraun verschmutzten Schuhen, Beinen und Hosen. Wir konnten ihm unbeschadet aus dem Loch heraushelfen und später herzlich über den Vorfall lachen.

In Wirklichkeit erlauben die Gesetze des Auftriebs etwa ein Einsinken bis zur Brust, denn der Moorschlamm hat eine größere Dichte als unser

Körper. Dort können wir stecken bleiben und brauchen womöglich Unterstützung von Außen, um befreit zu werden. Bleibt diese aus, droht im schlimmsten Fall der Tod durch Unterkühlung, Erschöpfung oder Verdursten. Untergehen und ertrinken können wir allein im Wasser, dessen Dichte geringer als die Dichte unseres Körpers ist.

Am schönsten waren die Aufenthalte zur „Blüte"-Zeit der Wollgräser im Sommer. Schneebälle im Sonnenlicht so weit das Auge reichte! Erst später lernte ich, dass es sich bei den vermeintlichen Blüten in Farbe und Form von Wattebällchen in Wirklichkeit um die Fruchtstände der Pflanze handelt. Von den fünf bei uns vorkommenden Wollgrasarten wachsen zwei im Bissendorfer Moor, das Schmalblättrige und das Scheidige Wollgras.

## *Wurzeln im Wasser*

Sie alle zählen zu den Riedgrasgewächsen, die überwiegend in Mooren und Sümpfen, auf Feuchtwiesen und in Bruchwäldern, an Ufern und in den Verlandungszonen von Gewässern oder anderen nassen Standorten vorkommen. Einige Riedgräser, die auch als Sauergräser bezeichnet werden, schwimmen wider den Strom und wachsen auf Magerrasen, Geröllfeldern im Gebirge oder anderen Trockenbiotopen. Wer schon einmal an der Nord- oder Ostsee war, hat sicherlich Bekanntschaft mit der Sand-Segge gemacht, die hervorragend auf den dortigen Dünen gedeiht – ohne mit den Füssen im Wasser zu stehen!

Der Name „Sauergras" beruht mutmaßlich auf dem Scharfsinn unserer Vorfahren. Sie hatten beobachtet, dass das Vieh die rauen, scharfkantigen Blätter der Pflanzen verschmähte, im Gegensatz zu jenen der Süßgräser. Dementsprechend wurden die einen als schlecht = sauer schmeckend = Sauergräser und die anderen als gut = süß schmeckend = Süßgräser definiert.

Neben den Wollgräsern sind auch die Seggen wie die Blaugrüne Segge Mitglieder dieser Familie. Ihre Blätter haben eine blaugrüne Färbung und sind zäh. Sie können deshalb hervorragend zum Aufbinden von Tomaten, Erbsen, Wein und ähnlichem genutzt werden. Seit Menschengedenken werden Gräser überdies zum Nähen oder Flechten von Körben verwendet, um Lebensmittel und andere Dinge darin zu transportieren oder aufzubewahren. Gärformen zum Brotbacken oder aus Roggenstroh gefertigte Bienenkörbe sind weitere Beispiele für deren Gebrauch. In der Lüneburger Heide gibt es noch heute Imkereien, die Bienen auf traditionelle Art in ihnen halten.

Zum Flechteinsatz kamen gewöhnlich die in der Region wachsenden Pflanzen. Als häufige Art, die vom Flachland bis in die Alpen weit verbreitet ist, dürfte demnach auch die Blaugrüne Segge regelmäßig zu dem ein oder anderen Gebrauchsgegenstand verarbeitet worden sein. Sie lebt überwiegend auf feuchten Wiesen und Rainen oder in lichten Wäldern; bevorzugt auf Kalkböden, die frühjahrsfeucht und sonnenwarm sind. Ihre Wuchshöhe beträgt zehn bis sechzig Zentimeter.

Feuchtflächen, die von Seggen dominiert sind, werden Riede genannt. Es gibt Großseggenriede aus hochwüchsigen Arten und Kleinseggenriede aus kleinwüchsigen Arten, beides Biotope, die in Deutschland als gefährdet gelten. Maßnahmen zur Entwässerung und Bodenverbesserung führten zu ihrem Rückgang. Heutzutage können wir größere zusammenhängende Seggenriede fast nur noch in Schutzgebieten bewundern und der Seggenrohrsänger, ein auf diesen Lebensraum spezialisierter Singvogel, steht in Deutschland kurz vor dem Aussterben. Früher wurden solche Ländereien extensiv genutzt und dienten den Menschen ebenso wie andere Feuchtwiesen zur Gewinnung von Einstreu für die Stallungen. Die Mahd fand einmal jährlich im Winterhalbjahr statt.

*Blaugrüne Segge*

Wenn ich an die Pflanzenwelt feuchter bis nasser Standorte denke, kommt mir gleich nach den Wollgräsern die Flatter-Binse in den Sinn, ein Mitglied der Familie der Binsengewächse. Sie wächst häufig an Wegrändern, in Gräben, auf Wiesen, in Waldsümpfen und Mooren. Ihre Halme sind charakteristisch: rund, glatt, starr nach oben gerichtet und nadelspitz. Im oberen Bereich sitzt der verzweigte Blütenstand. Die Rispe erinnert an einen kleinen braunen Bommel, der seitlich an den Stängel geklebt wurde.

*Flatter-Binse*

## *Nur die Harten kommen auf die Weiden*

Eine Beweidung beeinflusst die Artenzusammensetzung der Flora aus vielerlei Gründen. Zunächst spielt es eine Rolle, welche und wie viele Tiere auf einer Fläche stehen. Pferde oder Rinder sind deutlich schwerer und haben größere Hufe als Ziegen oder Schafe. Dementsprechend wirken ihre Abdrücke verschieden auf den Boden. Je massiger die Weidetiere und je höher ihre Anzahl, desto geringer die Artenvielfalt der Pflanzen. Das Fressverhalten variiert ebenfalls und richtet sich unter anderem nach der Größe des Mauls. Mit ihrer kleinen Schnauze können Schafe gezielt junge Blätter herauslesen und abzupfen. Dagegen reißen Rinder die Pflanzen mit ihrem breiten Maul büschelweise aus, mehr oder weniger wahllos.

Generell werden trittempfindliche Gewächse wie Orchideen und viele andere bunt blühende Schönheiten verdrängt. Trittresistent und somit klar im Vorteil sind Pflanzen, die sich über Ausläufer und Erdsprossen ausbreiten können oder tief wurzeln. Zu ihnen gehören viele Gräser, in erster Linie die rasenbildenden Untergräser, der Weiß-Klee, der Kriechende Hahnenfuss, die Kleine Braunelle, das Gänse-Fingerkraut, die Wilde Möhre und der Kleine Wiesenknopf. Diese Arten ertragen obendrein den Verbiss. Ein weiterer Vorteil der vegetativen Vermehrung.

Konkurrenzfähig sind ferner Arten, die wie die Gewöhnliche Quecke und der Gemeine Pastinak aufdringlich riechen, bitter wie der Gelbe Enzian schmecken oder giftig wie die Herbstzeitlose, behaart wie die Honiggräser, stachelig wie die Disteln und hart wie der Rohrschwingel daherkommen. Genau wie wir haben oftmals auch Tiere ihr Lieblingsfutter, das sie dann verständlicherweise vermehrt und bevorzugt fressen. Das Verschmähte wird links wachsen gelassen und kann sich auf lange Sicht behaupten; ebenso wie Pflanzen, die sehr klein sind oder flach am Boden liegende Rosettenblätter besitzen. Das Mehrjährige Gänseblümchen und der Gemeine Löwenzahn gelten als die Bunten Hunde letztgenannter Riege. Sie sind weit verbreitet und wohlbekannt.

Außerdem kommt es durch die Fäkalien des Viehs zu einer erhöhten Nährstoffkonzentration im Boden. Infolgedessen wird das Wachstum von Arten wie der Gewöhnlichen Quecke oder dem Deutschen Weidelgras gefördert, die sich anpassen können und mit solchen Bedingungen gut zurechtkommen. Da der Kot naturgemäß ungleichmäßig über die Weide

*Dauerweide*

verteilt wird, können sich auf kleinstem Raum Nischen entfalten: stark überdüngte und eher magere Flächen. Davon profitieren dann jeweils unterschiedliche Pflanzen.

## Horstgräser

Wer die Grünfläche einer Viehweide von Nahem in Augenschein nimmt, wird feststellen, dass manche Gräser in Horsten wachsen. Ausgesprochen gut ist das an Stellen erkennbar, wo der Boden aufgrund der Trittwirkung verdichtet und lediglich lückig bedeckt ist: Trampelpfade, Zugänge zu Wasserstellen und Unterständen oder nasse Bereiche. Mich erinnern die Büschel stets an den Haarschopf des Sams von Paul Maar, wuschelig und in alle Richtungen abstehend – abgesehen davon, dass jene des Fabelwesens mit den blauen Wunschpunkten im Gesicht flammend rot statt grün gefärbt sind.

Solche Grashorste entstehen durch die Bestockung, der Bildung von Laubtrieben an den untersten Stängel- oder Sprossgliedern. Diese bringen Junghalme hervor, sodass sich die Gräser mit der Zeit immer weiter verzweigen oder besser gesagt: verhalmen. Ihr Ziel liegt darin, so viele Blütenstände und Samen wie möglich zu produzieren. Es gilt, sich zu behaupten und die eigene Spezies zu erhalten, denn Horstgräser verbreiten sich ausschließlich über Samen.

Die Anzahl der Seitentriebe hängt von der Pflanzenart und der Nutzungsintensität der Wiese oder Weide ab. Je häufiger die Gräser geschnitten oder abgebissen werden, desto mehr Verzweigungen entwickeln sich. In der Regel blühen und fruchten die Seitentriebe einjähriger Gräser im gleichen Jahr wie der Haupttrieb. Mehrjährige Gräser bilden ergänzend sterile Seitentriebe zur Überwinterung, die erst im Folgejahr zur Blüte kommen. Mit der Zeit formieren sich auf diese Weise Sams-Haar-Horste, die ausgedehnt und buschig sind.

Die Pflanzendecke der Horstgräser weist Lücken auf und lässt Raum für die Landnahme anderer Gewächse. Bei intensiver Beweidung wird dieser Effekt noch verstärkt und ist sogar erwünscht, damit sich trittfeste rasenbildende Untergräser mit guter Futterqualität ansiedeln können; idealerweise ergänzt mit Leguminosen wie dem Weiß-Klee und anderem schmackhaften Grünzeug.

Reine Horstgräser sind auf Dauerweiden eher selten zu finden, insbesondere bei intensiver Nutzung. Einige schmecken hart und werden vom Vieh verschmäht, andere durch den Verbiss und die Tritte verdrängt. Mähwiesen präsentieren uns hingegen ein anderes Bild. Hier sind Obergräser wie Glatt- oder Wiesen-Goldhafer gefragt, welche aufgrund ihrer Blattmasse guten Ertrag versprechen und regelmäßigen Schnitt vertragen. Manche Arten können bis zu fünfmal im Jahr gemäht werden. Einige Gräser bilden sowohl Horste als auch Rasen und sind daher hervorragend für das Weideleben präpariert. Zu ihnen gehört der Wiesen-Fuchsschwanz, der meine Nase kitzelt, während ich den Sonnenaufgang genieße.

Goldhaferwiese

# BLUMEN – FARBENPRACHT DES SOMMERS

SOMMERFERIEN! Wir sitzen auf der Terrasse des Mobilheims und beenden unser Frühstück. Die Hütte aus Holz steht auf dem Grundstück eines Bauernhofes und ist unser Urlaubsdomizil. Wieder einmal haben meine Großeltern uns Geschwister mit hierher genommen, um ihre Enkelkinder ein paar Tage verwöhnen zu können. Meine Oma schneidet die Käserinde in winzigkleine Stücke. Krümchen für die Hühner, die überall auf dem Gelände herumlaufen. Frei und ungebunden. Auf dem Tisch steht eine Vase mit Blumen, die meine Schwestern und ich gestern gepflückt haben: Flockenblumen, Margeriten, Klee, Löwenzahn und „Butterblumen" brillieren um die Wette.

Wie ein Teppich aus den Märchen der Scheherazade liegt die Wiese zu unseren Füßen, just einen Katzensprung entfernt an der Grundstückgrenze. Blüten in den Farben des Regenbogens kreieren ein schillerndes Mosaik. Tupfer in Weiß und Rosa runden das Prunkstück ab. In der Luft hängt das Summen der Bienen und Hummeln. Schmetterlinge gaukeln von einer Pflanze zur nächsten und lassen sich dabei aus der Nähe bewundern. Wir Kinder flechten Haarbänder aus Löwenzahn, suchen nach vierblättrigen Kleeblättern oder bauen Schuhkartonbehausungen mit Grünfutter für Schnirkelschnecken und Siebenpunkt-Marienkäfer. Letztere bleiben meistens nur auf einen Sprung, um dann vom höchsten Grashalm aus schnell wieder in die Freiheit zu entfliegen. Kindheitserinnerungen aus Roßbach in der Rhön.

Die Wiese neben dem Hof steht mir vor Augen, als wäre ich erst gestern dort gewesen. Eine Blumenwiese wie aus dem Bilderbuch: hochgrasig, artenreich, farbenprächtig und voller Insekten jeglicher Couleur. Ein Lebensraum, der über die Jahrhunderte durch extensive Bewirtschaftung entstanden ist.

Traditionell erfolgte die Mahd zur Heugewinnung auf Bergwiesen einmal oder höchstens zweimal jährlich. Hoch gelegenes Terrain in den Mittel- und Hochgebirgen war schwer zugänglich und mühselig zu bearbeiten.

Eine Düngung der Wiesen erfolgte selten oder unterblieb gänzlich, da die Bauern den Mist für die Felder benötigten. Bedingungen, die es einer Vielzahl von Pflanzen ermöglichte, sich hier weitgehend ungestört anzusiedeln und erfolgreich zu vermehren.

Da die althergebrachte Nutzung heute kaum noch rentabel ist, werden die Flächen intensiver bewirtschaftet oder aufgegeben und verbuschen mit der Zeit. Häufiges Düngen und Mähen führt zum Verschwinden der Artenvielfalt, sodass kunterbunte Wiesen mittlerweile zu den am stärksten bedrohten Lebensräumen unserer Heimat zählen.

## *Blume oder Blüte?*

Das Dachgeschoss der Wiese wird von den Blüten gebildet, seien sie unscheinbar wie die der Gräser oder farbenfroh wie jene der „Blumen", ein Begriff, den wir im Volksmund auf Pflanzen mit auffälligen Blüten anwenden. In der Regel sind eher langstielige Arten gemeint, die leicht geschnitten oder abgebrochen und nach Gutdünken zu Sträußen, Kränzen oder Girlanden gebunden werden können. Der Klassiker ist die rote Rose!

Blumenarrangements haben sich seit jeher als Liebesbeweis und Versöhnungsgeschenk bewährt, zaubern ein Lächeln ins Gesicht von Patienten und Geburtstagskindern, verschönern mit Glanz und Duft unsere Wohnräume oder schmücken Festsäle und Hochzeitskutschen. Zimmer- oder Stockpflanzen in Töpfen werden in der Umgangssprache ebenfalls schlicht „Blumen" genannt. Wenn ich die Nachbarn vor meiner Abreise in den Urlaub um das Gießen der Blumen bitte, schließt dass sämtliche Grüngewächse in meinen vier Wänden ein – ob Alpenveilchen oder Benjamini, mit oder ohne Blüten, klein oder groß.

In der Botanik bezeichnet der Begriff „Blume" lediglich die Bestäubungseinheit einer Blütenpflanze. Gemeint ist jener Teil, der aufgrund seiner oftmals außergewöhnlichen Farbe und Gestalt unsere Aufmerksamkeit weckt und den wir gemeinhin als „Blüte" bezeichnen. Diese „Blume" dient der Fortpflanzung und kann sowohl aus einer Einzelblüte als auch aus mehreren Einzelblüten – dem Blütenstand – beschaffen sein. Typische Blütenstandsformen sind die Ähren des Spitz-Wegerichs, die Trauben der Kleinen Traubenhyazinthe, die Dolden der Wilden Möhre, das Köpfchen des Weiß-Klees sowie der Korb der Korbblütler, zu denen das Mehrjährige Gänseblümchen, der Gemeine Löwenzahn und die Echte Kamille gehören. Die Bestäubungseinheiten und damit die „Blume“ des Klatsch-Mohns oder der Europäischen Trollblume bestehen dagegen lediglich aus einer einzigen Blüte.

## *In der Falle*

Spektakulär ist die größte „Blume“ der Welt. Sie kann bis zu drei Meter hoch und 1,50 Meter breit werden. Was auf den ersten Blick wie eine riesige Einzelblüte aussieht, ist in Wirklichkeit ein unverzweigter Blütenstand in Kolbenform mit Hunderten relativ kleinen Blüten. Dieser ragt hoch in den Himmel und wird von einem trichterförmigen braunpurpurfarbenen Hochblatt umschlossen. Es handelt sich um die Titanenwurz aus der Familie der Aronstabsgewächse, zu welcher auch unsere heimischen Arten Gefleckter Aronstab und Drachenwurz sowie die Wasserlinsen gehören. Ihr Zuhause sind die Regenwälder der Insel Sumatra (Indonesien). Bei uns kann sie in den Gewächshäusern Botanischer Gärten bestaunt werden.

Die Titanenwurz blüht nur alle paar Jahre für ein bis zwei Tage. Begleitet wird die Blütezeit von einem bestialischen Gestank. Der Aasgeruch dient als Lockmittel für Insekten, deren Larven sich von toten Tieren ernähren. Wie bei Familie Aronstabgewächs üblich, ist ihr Blütenstand eine Kesselfalle. Einmal hineingekrabbelt, ist ein Entkommen aus dem Trichter erst nach getaner – unfreiwilliger – Bestäubungsarbeit möglich. Während die Gefangenen den Blütenkelch zwecks Eiablage hinabkriechen, übertragen sie die Pollen und bestäuben die Pflanze. Für den Insektennachwuchs endet die Wahl der Kinderstube tragisch. Die Larven bezahlen den Irrtum ihrer Eltern mit dem Tod und verhungern.

Mit ihren fünfzehn bis fünfzig Zentimetern ist die Drachenwurz oder Sumpf-Calla indessen ein Zwerg. Form und Gestalt ähneln der tropischen Verwandten. Ihr Blütenstand ist ebenfalls kolbenförmig und bis zur Spitze mit Blüten besetzt, zwei bis vier Zentimeter lang. Umgeben wird er von einem einzigen Hochblatt. Dieses ist auf der Innenseite weiß und auf der Außenseite grün, so wie der Rest der Pflanze. Ihre Blätter sind herzförmig, haben einen langen Stiel und fühlen sich ledrig an. Wer sich zwischen Mai und Juli in Begleitung von Fortuna in Feuchtgebieten aufhält, kann die

Kesselfallenblume finden. Sie wächst an den Ufern von Gewässern, in Bruchwäldern, auf Feuchtwiesen und in Mooren. Aufgrund des Rückgangs solcher Lebensräume ist die Art bei uns selten geworden und in manchen Regionen bereits vom Aussterben bedroht.

Ihre Früchte reifen zwischen August und September. Sie sind scharlachrot und enthalten jeweils vier bis zehn Samen. Sowohl die Beeren als auch die Samen können schwimmen und werden durch Wasservögel verbreitet, indem sie sich an deren Gefieder haften. Alle Teile der Pflanze sind giftig. Ihre Trivialnamen Sumpf-Schlangenwurz und Schlangenkraut verweisen darauf, dass sie im Mittelalter in der Volksmedizin bei Schlangenbissen eingesetzt wurde.

## Das Dach der Wiese

Der Formen- und Farbenreichtum des Blütenmeeres auf unseren Wiesen scheint schier unendlich. Bitten wir ein Kind um die Zeichnung einer Blume, wird es vermutlich einen Punkt mit einer variablen Anzahl rundlicher Blätter in der Farbe seiner Wahl malen, die diesen kreisförmig einrahmen. Vorbild sind meistens Korbblütler wie Margeriten und Kamillen oder Zierpflanzen wie Dahlien und Sonnenhüte.

Die Einzelblüten der Glockenblumen erinnern an Kirchenglocken im Miniformat und jene der Wilden Platterbse oder der Zaun-Wicke an Schmetterlinge. Letztere sind asymmetrisch, genauso wie die Bestäubungseinheiten der Orchideen und Veilchen. Die Körbchen der Kornblumen sind von einem Kranz aus Röhrenblüten umgeben. Das gibt ihnen ein fransiges Aussehen. Die Vielzahl der Zungenblüten des Löwenzahns bilden halbierte Pompon-Bälle und die Blütenstände der Wilden Möhre sehen aus wie Schneeflocken oder „Kälberscheiß“; ein regionaler Volksname, den sie sich mit dem Wiesen-Kerbel teilt. Die Dolde besteht aus Hunderten von Einzelblüten.

Wer die Flora einer Fläche genauer unter die Lupe nimmt, kann den Wiesentyp ermitteln. Eine erste Orientierung bietet der Standort. Die Umweltbedingungen im Hochgebirge oder an der Meeresküste, im Moor oder auf Auenböden, zwischen Sand oder inmitten von Geröll und Stein unterscheiden sich. Einige Pflanzen sind Generalisten und kommen auf vielen

Untergründen zurecht, andere bevorzugen bestimmte Erden oder Höhenlagen und wachsen ausschließlich an ihrer Lieblingsstelle.

Am Einfachsten glückt die Einordnung zur Blütezeit der Gräser und Blumen im Sommerhalbjahr. Nach dem Richtfest, wenn das Dach der Wiese bunt gedeckt ist, gelingt die Bestimmung ihrer Bewohner leichter als während der Jugendphase der Pflanzen. Vor allem die Gräser ähneln sich im blütenlosen Zustand sehr und können als Grünschnäbel oftmals kaum differenziert werden. Meistens ist es nötig, ihre Blätter abzureißen und einer fachmännischen Prüfung zu unterziehen. Eine Aufgabe für Spezialisten oder Landwirte, die wissen wollen, ob sich auf ihren Feldern wertvolle Futtergräser oder lästige „Ungräser" ausbreiten. Der Blütenstand und dessen Farbe liefern uns hingegen häufig wertvolle, alles entscheidende Hinweise zur Enttarnung der Gewächse – ganz ohne diese zu verletzen, respektvoll und achtsam.

Ob mit oder ohne Blüte, viele Pflanzen sind geschützt und ihr Abreißen oder Ausgraben verbietet sich sowohl gesetzlich als auch moralisch. In dubio pro reo! Bei Zweifeln votiere ich für ein Verbleiben in Unwissenheit, eine Zeichnung oder ein Foto. Vielleicht kann die Geheimnisvolle vor Ort mittels einer Naturbestimmungs-App oder später mithilfe eines Buches identifiziert werden – oder ein Expertenforum hilft bei der Enträtselung. Alternativ können wir uns schlicht und einfach an der Schönheit oder Andersartigkeit unseres Fundes erfreuen.

## *Storchschnäbel unter Spannung*

Möglicherweise war meine Kindheitswiese in der Rhön eine Glatthafer- oder Goldhaferwiese. Dabei handelt es sich um wenig intensiv bewirtschaftete Flächen, auf denen die Grasarten Glatthafer oder Goldhafer dominieren. Es sind traditionelle Heuwiesen mit großer Artenvielfalt und hohem ökologischem Wert, die unserer Vorstellung von einer Blumenwiese par excellence entsprechen. Sie werden nur zwei- bis dreimal im Jahr gemäht und mäßig gedüngt. Glatthafer wächst vorherrschend im Flachland. Mit zunehmender Meereshöhe löst ihn der Goldhafer ab.

Eine typische Pflanzenart montaner bis alpiner Wiesen ist der Wald-Storchschnabel aus der Gattung der Storchschnäbel oder Geranien, deren

*Gelb so weit das Auge reicht: die „Löwenzahnwiese“*

Arten und Varianten seit dem sechzehnten Jahrhundert als Zierpflanzen kultiviert werden. Der Name bezieht sich auf den länglichen Fruchtstand, der an den Schnabel eines Storches oder Kranichs erinnert. Daher war früher auch die Anrede Kranichschnabel gebräuchlich. Kranich heißt auf griechisch Γερανός (geranós). Dies führte zu der wissenschaftlichen Bezeichnung „Geranium“.

Eingespannt und los! Wer ein Streiflein Papier mit der Schere kräuselt erhält ein Löckchen, das aussieht wie die Grannen der Storchschnäbel. An deren Spitze sitzt ihr Samen. Ist er reif, löst sich die Spannung des Grannen-Löckchens und die Samen schleudern durch die Luft, um in einiger Entfernung zu Boden zu fallen und sich dort fortzupflanzen. Ein Trick der Pflanzen, ohne Füße oder Hilfe von Außen den Standort zu wechseln.

Die Blüten des Wald-Storchschnabels erstrahlen im Juni und Juli. Sie sind kräftig lila gefärbt und bestehen aus fünf Blütenblättern, die gleichmäßig und kreisförmig um die Mitte angeordnet sind. Ein Markenzeichen der Gattung Geranium. Viele der im Handel unter der Bezeichnung „Geranien“ erhältlichen Pflanzen zählen tatsächlich zur Gattung Pelargonium. Ihre Blüten sind unregelmäßig geformt und erinnern an jene der Veilchen. In der Vergangenheit galten diese als Angehörige der Gattung Geranium. Nach der Trennung haben sie in der Umgangssprache ihren alten deutschen Namen beibehalten.

Wald-Storchschnäbel lieben feuchten, lehmigen und humusreichen Untergrund. Sie wachsen zerstreut in Auen-, Laub- und Mischwäldern, auf Bergwiesen oder Almen. Ihre Zwillingsart, der Wiesen-Storchschnabel, blüht etwas heller und ist eine Charakterart der Glatthaferwiesen. Er bevorzugt tiefgründige, kalkhaltige Lehmböden und ist weit verbreitet. Seine Blütezeit erstreckt sich von Juni bis September.

## Fettwiesen

Ob im Tal oder in der Höhe, ob feucht oder trocken – Glatthafer- und Goldhaferwiesen gelten als die typischen Fettwiesen. Sie weisen bei mäßiger Nutzung einen Reichtum von mehr als vierzig Pflanzenarten auf. Fett steht für nährstoffreich. Fette Böden sind durch einen hohen Anteil an Stickstoff gekennzeichnet. Dieser sorgt für schnelles Wachstum und gutes Gedeihen; in Maßen, denn der Bedarf an Nährstoffen ist individuell verschieden und hat Grenzen. Wenige Gewächse tolerieren ein Zuviel. Deshalb gilt: Je intensiver solche Flächen bewirtschaftet werden, desto geringer die Artenzahl. Diesbezüglich entscheidend sind der Zeitpunkt und die Häufigkeit der Mahd sowie der Einsatz von Düngern. Bis zu sechsmal im Jahr wird heutzutage gemäht. Erfolgt der Schnitt vor dem Aussamen, behaupten sich auf Dauer nur solche Pflanzen, die sich generativ über Ausläufer vermehren können.

Die Zufuhr von Nährstoffen in Form von Mineraldüngern oder organischen Düngemitteln wie Tiergülle, Stallmist und Gärresten aus Biogasanlagen begünstigt Starkzehrer. Damit sind Pflanzen gemeint, die dem Boden während der Wachstumsphase viele Nährstoffe entziehen. Kennzeichen einer stark gedüngten Wiese ist die Einfarbigkeit. In diesem Fall dominieren das Gelb von Gemeinem Löwenzahn und Scharfem Hahnenfuß oder das Weiß von Wiesen-Kerbel und Wiesen-Bärenklau. Unter Umständen können wir auf solchen Wiesen gerade einmal zehn verschiedene Arten zählen.

Arten, die neben dem Goldhafer und dem Wald-Storchschnabel das Habitat Bergfettwiese prägen, sind der Schlangen-Knöterich und die Europäische Trollblume. Als charakteristisch gelten weiterhin die Rautenblättrige

Glockenblume, die Kleine Traubenhyazinthe und die Weiße Berg-Narzisse. Das Gelb des Weichen Pippaus und der Wald-Schlüsselblume, das Gelbgrün verschiedener Frauenmantel-Arten, das Weiß des Wiesen-Kerbels und der Großen Bibernelle, das Violett des Frühlings-Krokus und das Rosarot des Rot-Klees vervollkommnen das Gemälde.

Dominante Pflanzenarten der Talfettwiesen sind der Glatthafer und das Deutsche Weidelgras sowie der weiß blühende Wiesenkerbel, der gelb blühende Zottige Klappertopf und der rot blühende Wiesen-Sauerampfer. Blauviolett, Gelb, Blasslila und Rosa: Die Wiesen-Glockenblume, der Wiesen-Pippau, der Wiesen-Storchschnabel und die Moschus-Malve fühlen sich hier ebenfalls pudelwohl.

## *Vom Winde verweht*

Auf Wiesen, Weiden, Äckern und Brachen, Rasenflächen in Gärten, Parks und Sportplätzen, zwischen Gehwegplatten, Geröll und Schutt, an Straßenrändern und Wegrainen – der Gemeine Löwenzahn oder die Pusteblume, wie die Allerweltspflanze bei Groß und Klein, landauf und landab heißt, nennt fast alle Lebensräume sein Zuhause. Er zählt zu den Generalisten, welche sich an die unterschiedlichsten Umweltbedingungen anpassen können. Widerstandsfähig und Unverwüstlich.

Wer sich überall in Szene setzt, fällt auf und wird beachtet. Regional gibt es Hunderte von Bezeichnungen. Manche beziehen sich auf seinen Geschmack, andere auf sein Erscheinungsbild, die medizinische Wirkung oder den Zeitraum seiner Blüte. Beispiele sind Kuhblume, Butterblume, Bettpisser oder Maistöckel. Bei Kindern ist das Kettenkraut beliebt zur Herstellung von Girlanden und Kränzen. Die dicken, weichen Stängel lassen sich gut mit dem Nagel einritzen und auf diese Weise zu einer Blumenkette aneinanderreihen.

Kennzeichnend sind sein Korb aus bis zu zweihundert sonnengelben Zungenblüten und die Blätter, deren Zacken sowohl die Art als auch die Gattung Taraxacum ihren deutschen Namen verdankt. Sie erinnern mit etwas Fantasie an das Gebiss der größten Raubkatze. Der Stängel ist hohl und mit einer milchigen Flüssigkeit gefüllt. Diese hinterlässt braune Flecken auf Haut und Kleidung, die sich später nur mühsam wieder entfernen lassen.

Nach der Blütezeit entwickelt sich eine Fülle von Samen; jeweils mit einem Flugschirmchen versehen, deren Gleitsegel an filigrane Daunenfedern erinnern. Wie Heinrich Hoffmanns Robert aus dem Struwwelpeter mit seinem Regenschirm, werden die Samen nach der Reife mit ihren Federschirmchen vom Wind erfasst, in die Luft gehoben und meterweit fortgetragen. Pflanzen mit dieser Verbreitungsstrategie werden Wind- oder Samenflieger genannt. Neben dem Gemeinen Löwenzahn vertrauen auch der Gemeine Huflattich oder die Lanzett-Kratzdistel sowie viele weitere Arten auf die Luftbewegung als Transportmittel – oder auf die Puste der Kinder.

## *Lecker und gesund*

Der Gemeine Löwenzahn gilt als Heilpflanze mit breiten Anwendungsmöglichkeiten. Seine Wurzeln enthalten unter anderem bis zu vierzig Prozent des Ballaststoffes Inulin, zwanzig Prozent Zucker und zehn Prozent Taraxacin; ein Bitterstoff, der von den Arten der Löwenzähne hervorgebracht wird und deshalb Pate für die wissenschaftliche Bezeichnung dieser Pflanzengattung steht. Er kommt auch in den Blättern und insbesondere im Milchsaft vor. Des Weiteren liefert die Pflanze reichlich Vitamine, Mineralstoffe und Schleimstoffe. Ihre Inhaltsstoffe werden als appetit- und verdauungsanregend, harntreibend, abführend, beruhigend, entzündungshemmend, schmerzlindernd und durchblutungsfördernd gepriesen. Klassischerweise zum Einsatz kommen Teezubereitungen aus der Wurzel oder den Blättern.

Alle Pflanzenteile sind essbar und vielfältig in der Küche verwendbar, sowohl roh als auch gekocht. Die Blätter können vom Frühling bis zum Herbst geerntet und wie Spinat gekocht oder frisch als Salat zubereitet werden. Je älter, desto bitterer: Am besten schmecken zarte, junge Blättchen. Die langen Pfahlwurzeln eignen sich ebenfalls als Rohkost oder Kochgemüse. Getrocknet, geröstet, gemahlen und mit Wasser aufgebrüht dienen sie ferner als Kaffee-Ersatz. Aus den Blüten kann unter Zugabe von Zucker ein Sirup hergestellt werden. Eine vegane Alternative zu Bienenhonig. Darüber hinaus bereichern die gelben Köpfchen jeden Sommersalat, sowohl hinsichtlich der Nährstoffe und des Aromas als auch farblich. Ihr Geschmack ist süßlich – lecker und gesund!

## *Hier bin ich und hier bleibe ich*

Ebenso trittfest und resistent wie der Gemeine Löwenzahn präsentiert sich der Weiß-Klee. Wer schon einmal versucht hat, diesen aus Gemüsebeeten, Steinritzen oder Rasenflächen zu entfernen, weiß davon ein Lied zu singen. Die Pfahlwurzel ist kräftig und bis zu siebzig Zentimeter lang. Sein Zweitname Kriech-Klee bezieht sich auf den Stängel, der über den Boden kriecht und an den Knoten Wurzeln bildet. Auf diese Weise nutzt die Pflanze selbst kleinste Spalten, um sich zu verbreiten und in Szene zu setzen. Frei nach dem Motto: Hier bin ich und hier bleibe ich!

Der Weiß-Klee blüht von Mai bis August. Er zählt wie Erbsen, Kichererbsen, Bohnen und Linsen zur Familie der Hülsenfrüchtler. Seine Blütenköpfchen sind kugelig und weiß. Sie bestehen aus länglichen Einzelblüten und duften nach Honig. Damit werden ihre Bestäuber, Bienen, Hummeln und Grabwespen, angelockt. Die untersten Einzelblüten blühen zuerst. Nach erfolgreicher Bestäubung knicken sie ab und verdorren. Ihre Farbe wechselt zu Hellbraun. Eine Halskrause aus verwelktem Flor entsteht. Daraufhin erblüht die nächste Etage und so geht es sukzessive weiter: Nach und nach blühen von unten nach oben alle Einzelblüten auf und der dunkle Kragen dehnt sich immer weiter aus, bis schließlich das gesamte Köpfchen braun dämmert. Aus den verwelkten Einzelblüten entwickeln sich die Hülsenfrüchte, in denen die Samen heranreifen.

*Weiß-Klee*

## *Glückssymbol*

Typisch ist das dreiblättrige Kleeblatt, beliebtes Symbol auf Wappen, Münzen, Firmen- oder Vereinslogos und bekannt als Wahrzeichen Irlands. Der Sage nach nutzte der Bischof Patrick während seiner Missionstätigkeit im fünften Jahrhundert in Irland das Shamrock als Metapher, um dem keltischen Hochkönig Laoghaire die Dreifaltigkeit zu erklären. Shamrock ist die Ableitung des irischen Wortes „seamróg“ und bedeutet „junger Klee“. Demnach versinnbildlichen die Blättchen jeweils den Vater, den Sohn und den Heiligen Geist. Gemeinsam formen die drei das Kleeblatt und somit eine Einheit = einen Gott. Nach dieser Verdeutlichung wurde dem Missionar die Erlaubnis gewährt, das Christentum in Irland zu verbreiten. Heutzutage gilt er als Hauptschutzpatron Irlands und wird in der katholischen Kirche als Heiliger verehrt. Ob Weiß-Klee, Rot-Klee oder Faden-Klee, welche Kleeart der Heilige damals in die Hand nahm, ist umstritten.

Vierblättrige Kleeblätter gelten als Glücksbringer. Als Kinder verbrachten wir Stunden damit, die Seltenheiten zu suchen. Wie groß war die Freude, wenn sich Geduld und Ausdauer schließlich auszahlten! Gepresst und getrocknet wurden die Fundstücke dann mit Poesiealben, Geburtstagskarten und Briefchen überreicht oder im Tagebuch verwahrt – und sind womöglich bis in die Gegenwart verantwortlich für viele Glücksmomente. Mittlerweile gibt es Zuchtformen wie den Vierblättrigen Schoko-Klee oder den Glücks-Klee, der gerne zu Neujahr verschenkt wird. Ob das Glück gezüchtet werden kann, bleibt fraglich. Meine Begeisterung über die Entdeckung eines Vierblatts in der Natur ist bis heute ungebrochen, bedeutet sie doch per se schon großes Glück, denn vierblättrige Varianten sind bei Wildformen selten.

## *Dunkelblaue Wahrzeichen*

Neben dem vierblättrigen Kleeblatt haben auch andere Seltenheiten Symbolcharakter. Zu ihnen gehören die Enziane, neben dem Alpen-Edelweiß Wahrzeichen der Alpen. Mehr als zwanzig Arten blühen auf Wiesen, Weiden und Matten in der kollinen bis alpinen Stufe. Vor Augen haben wir in der Regel Arten wie den Kochschen Enzian mit seinen glockenförmigen und azurblauen Blüten. Eine Farbe, die in der Natur selten vorkommt. Sie steht für Treue und Zuverlässigkeit. Er wächst auf kalkarmen Magerrasen in Höhenlagen ab achthundert Metern. Kennzeichnend sind die olivgrünen, fleckigen Streifen im Inneren seines Blütenkelches. Bei Wanderungen in den Bergen können wir die Kostbarkeiten im Sommer entdecken. Da Enziane streng geschützt sind, dürfen wir sie nur als Zeichnung oder Fotografie mit nach Hause nehmen und an unsere Lieben verschenken.

*Wahrzeichen der Alpen: Kochscher Enzian*

Alternativ eignet sich eine Flasche Enzianschnaps als Mitbringsel. Gerne ziert eine Abbildung des Kochschen Enzians das Etikett – und gaukelt uns eine falsche Realität vor, denn das Getränk wird in Wahrheit fast ausschließlich aus den Wurzeln des Gelben Enzians gebraut. Diese werden bis zu einen Meter lang und fünf Zentimeter dick. Oberirdisch erreicht die Pflanze Wuchshöhen bis zu einhundertfünfzig Zentimetern. Sie liebt Kalkböden und blüht von Juni bis August auf Halbtrockenrasen, Bergwiesen, Matten oder in lichten Bergwäldern. Sporadisch kommen auch der ebenfalls gelb blühende Tüpfel-Enzian oder andere hochwüchsige Arten zum Einsatz. Enzianbrenner benötigen eine Genehmigung zum Ausgraben der Wurzeln. Die Erntemenge pro Jahr wird genau festgesetzt und kontrolliert.

## Muttertagsblume

Zum Muttertag ein Blumenstrauß – in ihrer heutigen Form gibt es diese Tradition in Deutschland seit Beginn des zwanzigsten Jahrhunderts, beworben vom Verband Deutscher Blumengeschäftsinhaber als Tag der Blumenwünsche zu Ehren der Mütter. Mittlerweile ist der Muttertag fest etabliert und wird alljährlich am zweiten Maisonntag begangen. Ein Erfolg der Floristen!

Im Mai standen die Wiesen rund um mein Elternhaus in voller Blüte und dienten als Schatztruhe für meinen Gruß: ein Bouquet aus Wiesen-Schaumkraut in Zartlila. Es blüht von April bis Juni, ist weit verbreitet und häufig zu finden. Umstände, die den Beinamen Muttertagsblume zur Gänze erklären. Vermutlich schöpfte neben mir im Laufe der Generationen eine Horde weiterer Kinder aus dieser Quelle, um ihre Mütter alljährlich zu beglücken.

Dort, wo das Wiesen-Schaumkraut wächst, ist der Boden nährstoffreich und frisch bis feucht. Sein Lebensraum sind Feuchtwiesen und Flachmoore,

*Muttertagsblume: das Wiesen-Schaumkraut*

Bruch- und Auenwälder, Staudenfluren auf Brachen, an Gewässern und in Gebirgen bis in Höhenlagen von eintausendsiebenhundert Metern auf dementsprechenden Untergründen. Es gehört zu den Kreuzblütlern. Alle Angehörigen dieser Familie sind an den vier Blütenblättern erkennbar, die sich wie ein Kreuz gegenüberstehen. Kohlarten wie Weißkohl, Brokkoli, Wirsing oder Kohlrabi, Steckrüben, Garten-Rettich, Radieschen, Rucola, Garten-Kresse und viele andere Kulturpflanzen zählen zu seinen Verwandten. Manche liefern uns Öl oder Gewürze, andere werden als Gemüse oder Salat gegessen, als Grün- oder Trockenfutter angebaut oder zur Gründüngung eingesetzt. Das Wiesen-Schaumkraut ist ebenfalls essbar. Es schmeckt würzig und leicht scharf, ähnlich der Garten-Kresse. Junge Blättchen und Blüten können in Salaten oder Kräutersaucen verwendet werden.

Wer sich zwischen Wiesen-Schaumkräutern niederkniet und diese aus der Käferperspektive betrachtet, kann allüberall an den Stängeln und Blättern kleine Häufchen erspähen. Wie Flöckchen eines Schaumbades sehen sie aus und sofort wird klar, warum diese im Volksmund als Kuckucksspeichel oder Hexenspucke bekannt sind. Es handelt sich um die Nester der Schaumzikaden. Im Inneren kann sich der Nachwuchs geschützt vor Austrocknung, Temperaturschwankungen und Feinden entwickeln. Die Larven produzieren den Schaum eigenständig, indem sie eiweißhaltige Flüssigkeit aus dem After ausscheiden, diese durch rhythmisches Pumpen mit Luftbläschen versehen und solchermaßen zu Hüllen aufblasen; ähnlich wie ein Milchaufschäumer, der das Häubchen für den Cappuccino produziert.

## *Wasserratten der Pflanzenwelt*

Neben dem Wiesen-Schaumkraut ist auch die Sumpf-Dotterblume eine Charakterart der Feuchtwiesen, Quellen, Gräben und Bachufer. Sie liebt grundwasserfeuchte Standorte. Von März bis Juni erscheinen ihre dottergelben Blüten, die einen Durchmesser von bis zu fünfundvierzig Millimetern erreichen. Der Farbton ist satt und leuchtend. Die Blätter sind herz- bis nierenförmig und tiefgrün. Ihre Samen können sich schwimmend verbreiten.

Sumpf-Dotterblumenwiesen sind nährstoffreiche, stark vernässte und hochwüchsige Feuchtwiesen mit wechselndem Wasserstand. Sie zählen in Mitteleuropa zu den artenreichsten Lebensräumen. Ganzjährig ist die Wasserversorgung gesichert. Libellen, Amphibien, Schmetterlinge und viele andere Tiere fühlen sich hier zu Hause. Solche Flächen werden extensiv bewirtschaftet und meistens zur Heu- oder Streugewinnung genutzt. Im Sommer können sie so weit abtrocknen, dass eine Beweidung möglich ist.

Pflanzenarten, die dieses Biotop neben der Sumpf-Dotterblume und dem Wiesen-Schaumkraut prägen, sind die Kuckucks-Lichtnelke, das Sumpf-Vergissmeinnicht, der Scharfe Hahnenfuß, die Kohl-Distel und die Bach-Nelkenwurz; in höheren Lagen auch der Eisenhutblättrige Hahnenfuß, der Wiesen-Knöterich und die Europäische Trollblume.

Gewächse der Feuchtlebensräume sind durch Entwässerungsmaßnahmen gefährdet. Die Trockenlegung oder Planierung von Wiesen und der damit einhergehenden Beseitigung von Senken zur Wasseransammlung, die Begradigung von Bachläufen und die Verrohrung von Gräben führen zu Bestandsrückgängen, weil ihr Zuhause zerstört wird. Die Sumpf-Dotterblume steht in Deutschland aktuell auf der Vorwarnliste. Ihre Vorkommen nehmen merklich ab. Hält der Trend an, kann in naher Zukunft mit einer Einstufung in die Kategorie „Gefährdet“ gerechnet werden. Dort befindet sich bereits die Europäische Trollblume, die sich seit Jahren stark im Niedergang befindet und deswegen unter Naturschutz steht.

*Sumpf-Dotterblume*

*Brenne mit Helm-Knabenkraut (vorne links), Mücken-Händelwurz (Mitte) und Sumpf-Ständelwurz (vorne rechts)*

# ORCHIDEEN – KÖNIGINNEN DER WIESEN

ES IST MUTTERTAG. Mein Sohn begleitet mich auf einen Streifzug durch die Berge bis zu einem Aussichtspunkt. Über Trampelpfade geht es aufwärts durch den Wald, den Blick nach unten gerichtet. Wir suchen nach den letzten jungen Trieben des Spitzblättrigen Spargels. In Olivenöl kurz angeschmort sind die grünen Knospen des Wildgemüses eine Delikatesse. Die Saison neigt sich dem Ende. Die meisten Köpfchen beginnen bereits sich zu öffnen. Stattdessen landen Löwenzahnblättchen und Rosmarinspitzen im Rucksack.

Knapp dreihundert Meter ragt die Anhöhe über die Gipfel der Bäume. Das Ziel ist in der Gegend populär. Rastplatz für Mountainbiker, Jogger, Wanderer und Spaziergänger, die hier tagtäglich ihren Hund Gassi führen. Von hier oben bietet sich dem Betrachter ein herrliches Panorama auf die Dächer des Dorfes, den Strand und das Mittelmeer. Scheinbar endlos erstreckt sich seine Wasserfläche am Horizont und glitzert, als wäre dort der Spiegel eines Riesen platziert. Silberblau und strahlend.

Auf dem Rückweg lichtet sich der Wald. Hochstaudenfluren und Wiesen liegen am Wegesrand. Gerade weise ich begeistert auf den dunkellila blühenden Schopf-Lavendel, da steht sie unvermittelt vor mir, wie aus dem Nichts erschienen und wunderschön: eine Orchidee – mein Überraschungsgeschenk des Tages – oder besser gesagt, drei! Sie reichen mir bis übers Knie und stehen in voller Blüte. Ihr Blütenstand ist locker und lang gestreckt. Sechs, dreizehn und vierzehn violettfarbene Einzelblüten zähle ich. Diese verteilen sich über die gesamte Länge und sind etwa vier Zentimeter groß. Der Stängel ist dunkellila, kräftig und mit Schuppenblättern versehen; grüne Laubblätter fehlen der Pflanze völlig.

Es handelt sich um den Violetten Dingel, eine Orchidee, die zu den partiellen Mykoheterotrophen gehört und demgemäß weitgehend auf Pilzen parasitiert. Da die Art aufgrund des geringen Anteils an Chlorophyll in den

Blättern kaum Photosynthese betreibt, ist ihre Ernährung auf die Zusatzversorgung durch Wurzelpilze, die Mykorrhizapilze, angewiesen. Diese liefern Wasser, Nährsalze wie Phosphat oder Nitrat und Kohlenstoffverbindungen.

Der Violette Dingel liebt Kalkböden und fühlt sich in trocken-warmen, lichten Flaumeichen- oder Kiefernwäldern, an Waldrändern, in Heckennähe sowie auf Halbtrocken- oder Magerrasen wohl. Sein Hauptverbreitungsgebiet liegt im Mittelmeerraum und reicht nordwärts bis Mitteleuropa. In Deutschland ist er sehr selten und vom Aussterben bedroht. Vorkommen gibt es am Oberrhein und in der Eifel, sporadisch auch abseits dieser Gebiete. Seine Wuchshöhe kann bis zu achtzig Zentimeter betragen. Die Blüten öffnen ihre Kelche nur bei Sonnenschein und können sowohl von Insekten als auch von sich selbst bestäubt werden. Bei ungünstiger Witterung bleiben sie geschlossen oder blühen unterirdisch. In diesen Fällen finden die Bestäubung und Befruchtung innerhalb der geschlossenen Blütenblätter statt.

## *Nomen est omen*

Die wissenschaftliche Bezeichnung einer Pflanzen- oder Tierart besteht immer aus zwei Wörtern, die ähnlich wie bei uns sowohl die Zugehörigkeit zur Verwandtschaft als auch die Individualität betonen. Wir stellen uns gemeinhin vor, indem wir unseren Vornamen zuerst nennen: „Mein Name ist Daniela Strauß". In der Welt der Flora und Fauna ist es umgekehrt. Hier steht der Nachname an erster Stelle. Wäre der Violette Dingel ein Mensch, würde er sich der Wissenschaft als „Abortivum Limodorum" präsentieren. Als Pflanze heißt er Limodorum abortivum. Der zweite Terminus, welcher immer klein geschrieben wird, definiert die Art, oftmals mit Eigenschaftswörtern. Der Zusatz „abortivum" weist auf das Lateinische „abortus" = Abgang von „ab-oriri" = abgehen, verschwinden. Möglicherweise eine Anspielung darauf, dass sich die Pflanze nach der Vegetationsperiode in ihre unterirdischen Speicherorgane zurückzieht. Das erste Wort „Limodorum" kennzeichnet die Gattung, zu der diese Art gehört. Dessen Herkunft deutet auf die griechischen Wörter „λειμών" (leimón) = Wiese und „δώρον" (dóron) = Geschenk. Das Wiesengeschenk – ein passender Nachname für diesen Muttertagsfund.

Orchideen mit ihren filigranen Mustern, der Vielgestaltigkeit ihrer Blüten und Farben bezaubern wohl jeden, der sie erblickt; umso mehr, wenn wir eine der Kostbarkeiten bei einem Ausflug in die Umgebung eigenständig finden. Dort, wo die Königskinder blühen, beherrschen sie die Szene. Majestätisch und elegant. Ihre Pracht ist zugleich ihr Verhängnis. Bis heute werden Orchideen aus der Natur entnommen, um sie als Blumengruß zu verschenken oder in den Hausgarten umzusiedeln. Eine Tat, die sowohl gesetzeswidrig als auch – bezogen auf letzteres – oftmals zum Scheitern verurteilt ist. Viele Arten gehen wie der Violette Dingel eine Wurzelsymbiose mit Pilzen ein, welche für die Pflanzen überlebenswichtig ist. Die Pilze wiederum existieren unter Umständen in Symbiose mit Bäumen. Beim Umpflanzen gehen all diese Verbindungen verloren. Die Kostbarkeiten verkümmern und gehen mit der Zeit ein.

Wer sich an Orchideen in den eigenen vier Wänden erfreuen möchte, kann stattdessen ein Foto seiner Entdeckung an die Wand hängen oder eine Pflanze im Fachhandel erwerben. Gärtnereien, die sich zu qualifizierter Beratung, künstlicher Vermehrung und umweltschonender Produktion von Orchideen verpflichtet haben, sind in Deutschland in einem Verband organisiert. Mit der Wahl eines Mitgliedsbetriebes kann der Kauf illegaler Wildentnahmen verhindert werden. Eine Reihe heimischer Arten lassen sich auch im Garten kultivieren. Zu ihnen gehört der Gelbe Frauenschuh, das Breitblättrige Knabenkraut mit seinem markant gefleckten Laub und die Mücken-Händelwurz, beide blühen rosa- bis purpurrosafarben, oder die Sumpf-Stendelwurz mit ihren leicht hängenden Blüten in Purpur-Grün-Braun und Weiß-Lilagestreift. Das Halten von Naturarten setzt Erfahrung und Sachkenntnis voraus. Alternativ gibt es Hybriden, die pflegeleichter und ebensolche Blütenwunder sind.

Orchideen sind weltweit verbreitet. Allein in Trockenwüsten und in den Polargebieten fehlen sie. Bisher beschrieben Botaniker etwa dreißigtausend Arten. Die Mehrzahl lebt in den Tropen der Alten und Neuen Welt. Dort wachsen Orchideen meistens als Aufsitzerpflanzen – im Fachjargon Epiphyten genannt – auf Bäumen im Regenwald. Lediglich ein Bruchteil dieser Vielfalt ist in Europa zu Hause. Rund zweihundertfünfzig Arten können wir hier erwarten, neunzig davon kommen in Deutschland vor.

## *Mimosenhaft, selten und gefährdet*

Bei uns sprießen und gedeihen Orchideen terrestrisch, insbesondere auf mageren und kalkreichen Standorten in Wäldern, auf Trockenrasen, Bergmatten, Sumpfwiesen oder Flachmooren. Viele sind Kulturfolger und bewohnen Flächen, die vom Menschen geschaffen und extensiv bewirtschaftet werden. Das können sowohl Mähwiesen als auch Heiden oder lichte Wälder sein, die durch historische Schafbeweidung entstanden sind. Wird die Tradition aufgegeben oder die Nutzung intensiviert, verschwinden in der Regel auch die Orchideen. Auf die Zufuhr von Düngemitteln, frühes und häufiges Mähen oder dauerhafte Beweidung und Trittschäden reagieren sie mimosenhaft wie die Prinzessin auf der Erbse. Konkurrenzstarke Gewächse übernehmen die Oberhand. Waldarten wie der Gelbe Frauenschuh leiden unter dem Einsatz von Maschinen oder der Aufforstung mit Nadelhölzern. Die Trockenlegung von Feuchtgebieten bedroht die Sumpf-Stendelwurz, das Breitblättrige Knabenkraut, die Mücken-Händelwurz und weitere Orchideen, die nasse Füsse favorisieren. Ihre Bestände sind seit Jahren rückläufig.

Das Breitblättrige Knabenkraut macht seinem Namen alle Ehre: Seine Blätter sind auffallend groß, breit und oftmals deutlich rotbraun gefleckt. Mit dem üppigen Blütenstand von bis zu fünfzig Einzelblüten in Purpur bis Purpurrot und einer Höhe von bis zu sechzig Zentimetern sticht die Orchidee ins Auge. Ihre Pracht erstrahlt je nach Standort von April bis Juli auf Nasswiesen, Flachmooren und in Quellsümpfen. Sie ist deutschlandweit verbreitet. Die Bestände sind stark rückläufig und gefährdet.

*Breitblättriges Knabenkraut*

Wie das Breitblättrige Knabenkraut sind die meisten unserer heimischen Orchideenarten selten bis sehr selten und gefährdet, stark gefährdet oder vom Aussterben bedroht. Sie stehen allesamt unter Naturschutz. Das Ausgraben oder Pflücken ist streng untersagt. Ihre Anwesenheit ist ein Indikator für Lebensräume, die intakt und naturnah sind. Wertvolle Orchideenstandorte werden oftmals von Naturschutzvereinen betreut und manchmal zur Blütezeit bewacht. Leider gibt es immer noch Sammler, die es auf die Seltenheiten abgesehen haben. Meine Freude war daher groß, als ich nach drei Wochen die Fundstätte des Violetten Dingels erneut aufsuchte. Diese liegt immerhin an einem viel begangenen Wanderweg nahe der Ortschaft. Sämtliche Pflanzen waren noch an Ort und Stelle, die Blüten mittlerweile verwelkt. Darüber hinaus entdeckte ich weitere Exemplare in der Nachbarschaft.

## Brenne

Ein Frühsommertag wie aus dem Bilderbuch. Die Sonne strahlt vom Himmel. Ab und zu spenden Wolken Schatten. Die Temperaturen sind weder zu warm noch zu kalt. Perfektes Wanderwetter. Vor uns bahnt sich der Fluss seinen Weg in Mäandern durch die Auenlandschaft. Der Weg führt uns an Weiden und Feuchtwiesen vorbei in den Bruchwald. Idylle pur. Ein Lebensraum, der mich mit seiner Artenvielfalt und Fülle seit jeher fasziniert. Mücken umschwirren meinen Kopf. Der Preis für das Vergnügen.

Ein Quäken schallt aus dem Wald: gwäh – gwäh – gwäh ... Es klingt klagend und nasal. Mit dem Fernglas suche ich die Wipfel ab. Schließlich habe ich Glück. Auf einem Querast sitzt er: ein Mittelspecht, der sein Territorium verteidigt. Die Rufreihe aus vier bis acht Tonelementen ist der Reviergesang und ersetzt den Trommelwirbel des Buntspechts. Mittelspechte trommeln im Gegensatz zu ihren Verwandten sehr selten. Auenwälder sind ihr Lieblingsbiotop.

Mitten im Auwald schmiegt sich eine Trockenrasenfläche an das Ufer des Flusses. Ein Orchideen-Paradies. Das Helm-Knabenkraut, die Mücken-Händelwurz und die Sumpf-Stendelwurz nehmen hier ein Sonnenbad. Eine Zauneidechse verharrt regungslos auf einem Stein und lauert auf Beute. Was zunächst wie ein Widerspruch klingt, wird bei näherer Betrachtung klar.

Solche Flächen entstehen an Flussschleifen, die offen und sonnenbeschienen sind. Im Laufe der Zeit wurden große Mengen Geröllmaterial wie Kies oder Sand vom Wasser herangetragen und hier abgelagert; beispielsweise im Zuge von Hochwasserereignissen. Mitunter türmen sich die Sandbänke und Schotterablagerungen bis zu einen Meter über der Wasseroberfläche auf. Die Aufwölbung und die Mächtigkeit sorgen für eine Trennung vom Grundwasser. Die Böden sind zudem wasserdurchlässig und trocknen nach Regenfällen schnell wieder ab. Die dünne Humusauflage speichert nur wenig Feuchtigkeit. Gleichzeitig herrscht eine hohe Luftfeuchtigkeit und die windgeschützte Lage mitten im Auenwald sorgt dafür, dass sich die Trockeninseln im Sommer stark erhitzen. Ein artenreicher Magerrasen entsteht: die Brenne, auch Heißlände genannt.

Hier fühlen sich viele Orchideen wohl, vor allem auf kalkhaltigem Untergrund. Brennen können wir in Deutschland regelmäßig an der Donau, der Isar, am Lech und im Alztal finden. Auf ihnen wachsen unter anderen die Sumpf-Stendelwurz, das Große Zweiblatt, die Mücken-Händelwurz, das Fuchs-, das Helm- und das Brand-Knabenkraut, die Pyramidenorchis und die Spinnen-Ragwurz. Neben der Zauneidechse finden sich weitere wärmeliebende Tiere wie die Schlingnatter oder die Zweifarbige Schneckenhaus-Mauerbiene sowie diverse Heuschrecken, Schmetterlinge und andere Blütenbesucher ein.

## Namenswurzel

Der griechische Philosoph und Naturforscher Theophrastos von Eresos (300 v. Chr.) war der erste, der die Orchidee in Europa schriftlich erwähnte. In seinem Werk „De historia plantarum" beschrieb er sie als Pflanze mit zwei hodenförmigen Wurzelknollen und gab ihr den Namen „ὄρχις" (orchis), zu Deutsch: Hoden. Er bezog sich bei seiner Charakterisierung auf die Speicherorgane der Knabenkräuter mit dem Manns-Knabenkraut als Namenspate. Die Bezeichnung wurde später auf die gesamte Pflanzenfamilie übertragen.

Offenbar angeregt durch ihre Wurzelform schrieben die Menschen der Orchidee bereits im Altertum eine aphrodisierende Wirkung zu. Eine Überzeugung, die auch heute noch zu finden ist und zur Dezimierung der

Orchideenbestände beiträgt. Des Weiteren glaubten sie, dass mit dem Verzehr der Wurzelknollen das Geschlecht des Kindes beeinflusst werden kann. Verspeiste die Frau das kleinere der beiden Speicherorgane, verhalf ihr das zu einem Mädchen. Wünschte sich die Familie einen Jungen, aß der Mann die größere Knolle. Was nun passierte, wenn sich die beiden uneinig waren und jeweils ihren Teil der Pflanze zu sich nahmen, lässt die Überlieferung offen. Vielleicht wurde daraufhin ein Zwillingspaar geboren ...

## *Männlicher Hoden*

Das Manns-Knabenkraut heißt wissenschaftlich Orchis mascula = männlicher Hoden und wurde damit gleich in doppeltem Sinn nach seinem Aussehen benannt. Seine Speicherorgane bestehen aus zwei Wurzelknollen, die eiförmig und ungeteilt sind. Während die eine für die aktuelle Saison bestimmt ist und nach der Blütezeit verwelkt, kommt die andere erst im nächsten Frühling zum Einsatz. Alljährlich wird jeweils eine neue Knolle mit einer Überwinterungsknospe angelegt. Die Vermehrung und Vergrößerung des Bestandes erfolgt bei fast allen knollenbildenden Arten ausschließlich über die Samen. Rhizombildende Orchideen wie der Gelbe Frauenschuh können sich auch vegetativ ausbreiten, indem sich ihre Rhizome verzweigen und neue Triebe entwickeln.

Das Manns-Knabenkraut ist in Deutschland mäßig häufig verbreitet, mit abnehmender Tendenz.

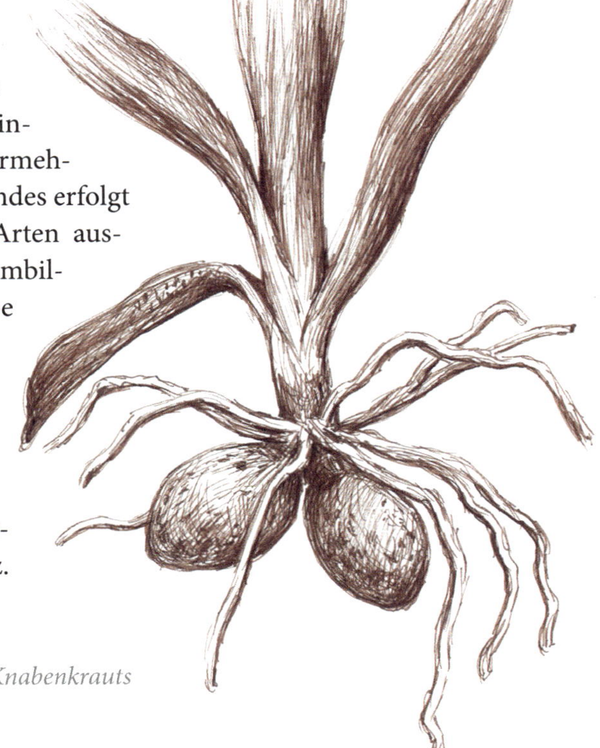

*Wurzelknollen des Manns-Knabenkrauts*

Es blüht von April bis Juli in Abstufungen von Violett bis Purpurrot auf Magerrasen, Bergwiesen und in lichten Laubwäldern. Sein Stängel erreicht Längen zwischen zwanzig und sechzig Zentimetern, davon nimmt der Blütenstand in Form einer lockeren Ähre zwischen acht und zwanzig Zentimetern ein. Die Laubblätter sind länglich und meistens einfarbig grün oder variieren von leicht dunkel gesprenkelt bis purpurrot gefleckt.

## *Rutschpartie mit Folgen*

Wer die Blüten betrachtet, sieht das Markenzeichen der Orchideen. Ihre Gestalt ist von rechts nach links spiegelsymmetrisch, genau wie unser Gesicht: Würde ich die Blüte längsseitig halbieren und einen Spiegel daran halten, wäre diese optisch wieder vollständig – eine Hälfte in natura, die andere Hälfte im Spiegelbild. Sie wird jeweils aus drei äußeren Kelchblättern und drei inneren Kronblättern gebildet. Zwei der Kronblätter sind gleich geformt und seitlich angeordnet, das dritte befindet sich in der Mitte. Es sieht aus wie eine Lippe und lädt Insekten zur Landung ein.

Beim Gelben Frauenschuh ist die Lippe mit mehr als zwei Zentimetern besonders lang und auffällig. Seine exotische Erscheinung mit dem pantoffelförmigen knallgelben Blütenblatt macht ihn zur populärsten heimischen Orchideenart. Er ist begehrt und selten. Bekannte Vorkommen ziehen zur Blütezeit eine Vielzahl von Besuchern an. In Deutschland gibt es nur noch wenige Standorte der Prachtpflanze. Ihre Bestände sind abnehmend und sie gilt als gefährdet.

Der Gelbe Frauenschuh liebt Halbschatten und wächst in lichten Wäldern oder Gebüschen bis in Höhen von zweitausend Metern. Sein Pantoffel ist eine Kesselfalle. Insekten werden von der Farbe und vom Duft der Blüte angelockt. Einmal gelandet, schlittern die Tierchen an dessen Innenseite ab. Diese ist von einem Ölfilm überzogen und spiegelglatt. Die Gefangenen können daraufhin einzig und allein über den Hinterausgang wieder in die Freiheit gelangen. Ein genialer Trick, denn im Vorbeikriechen kommen sie an der Blütennarbe vorbei, bestäuben die Pflanze und nehmen neue Pollen mit. Beim Nachbarn geht das Spiel von neuem los. Auf diese Weise werden die Pollen von A nach B transportiert und die Orchideen können sich vermehren. Rutschpartie mit Folgen!

*Gelber Frauenschuh*

Während ich mit Lavendel, Zitronengras und Tomaten experimentiere, um Mücken und Fliegen beim Schreiben von mir fernzuhalten – angeblich flüchten die Plagegeister vor deren Ausdünstungen – verfolgen Orchideen genau das gegenteilige Ziel. Sie verströmen ihren Duft, um Insekten anzulocken. Es geht um Leben und Tod, denn die meisten Orchideen pflanzen sich mittels Fremdbestäubung und Fremdbefruchtung fort. Sie sind deshalb auf Bestäuber angewiesen, um sich zu vermehren und auszubreiten.

Die Diven ziehen alle Register, um ihr Ziel zu erreichen. Einige bieten eine Belohnung in Form von Nektar oder Versteckmöglichkeiten zum Schlafen, andere verzichten auf solch eine Gegenleistung. Sie laden die Insekten unter der Vorspiegelung falscher Tatsachen zu sich ein. Die Besucher bringen ihr Gastgeschenk in Form eines Pollenpäckchens mit und gehen selbst leer aus.

Die Täuschungsmanöver reichen von der Ausbildung betörender Farben und Muster sowie dem Versprühen reizvoller Gerüche über die Nachahmung nahrungsreicher Blüten anderer Pflanzen bis zur Erzeugung von Düften, die den Sexuallockstoffen bestimmter weiblicher Bienen oder Wespen präzise gleichen. Paarungsbereite Männchen kommen herbeigeeilt und sind animiert, auf der Lippe der Orchidee zu kopulieren. Diese gleicht dem Aussehen, der Struktur und der Behaarung der Weibchen so genau, dass sich die Freier wiederholt narren lassen. Durch die Bewegungen des Begattungsversuches werden die Pollen abgestreift und die Orchidee bestäubt. Gleichzeitig heften sich der Drohne neue Pollen an und der unfreiwillige Taxiflieger transportiert den Blütenstaub sodann zum nächsten vermeintlich paarungsbereiten Weibchen: Und täglich grüßt das Murmeltier!

Die Spinnen-Ragwurz lockt auf diese Weise die Männchen der Erzfarbigen Düstersandbiene an. Jede Blüte duftet um eine Nuance anders, so wie die weiblichen Bienen. Diese paaren sich nur ein einziges Mal und ihr Geruch ist individuell verschieden. Auf diese Weise kann sich das Männchen merken, welche Partnerin es bereits besucht hat und spart Energie.

Neben der Spinnen-Ragwurz haben sich auch alle weiteren Ragwurz-Arten so weit spezialisiert, dass sie jeweils auf eine ganz bestimmte Insektenart oder mehrere nah verwandte Arten angewiesen sind. Das Aussehen ihrer Blüten imitiert die äußere Erscheinung der Zielarten, sodass diese

*Täuschungsmanöver: Ein Männchen der Erzfarbigen Düstersandbiene kopuliert auf der Blüte der Spinnen-Ragwurz*

davon magisch angezogen und herbeigeflogen kommen. Ein Insektenleben ist kurz; da gilt es, die Zeitspanne möglichst effektiv und jede Gelegenheit zur Paarung zu nutzen. Der Duft der Pflanze vervollkommnt die Täuschung und verführt die Getäuschten dann zum Begattungsversuch.

Die meisten dieser Sexualtäuschblumen kommen hauptsächlich im Mittelmeerraum vor. Vier weitere Arten gibt es auch bei uns: die Kleine Spinnen-Ragwurz, die Hummel-Ragwurz, die Bienen-Ragwurz und die Fliegen-Ragwurz, jeweils benannt nach dem Aussehen ihrer Blüten. Letztere bevorzugt generell kühleres Klima und hat ihren Verbreitungsschwerpunkt als einzige Ragwurz-Art nördlich der Alpen.

Sie wächst in lichten Trockenwäldern, auf Halbtrockenrasen, Magerwiesen und seltener in Flachmooren. In Deutschland sind die Vorkommen überwiegend auf den Südwesten und Süden des Landes beschränkt. Ihr Status wird in der Roten Liste als mäßig häufig, langfristig stark rückläufig und gefährdet angegeben. Wer ihre purpurroten Lippen mit dem bläulichgrauen Fleck auf einer Wanderung zwischen April und Juli entdeckt, wird Verständnis für die Männchen der Ragwurz-Zikadenwespe haben. Die Ähnlichkeit der Form des Blütenblattes zur Gestalt eines Grabwespen-Weibchens ist verblüffend.

Die Fliegen-Ragwurz hat für alle Fälle vorgesorgt. Falls ihre Besucher ausbleiben, kann sie sich auch selbst bestäuben. Eine Strategie, die bei der Bienen-Ragwurz die Regel ist. Diese wird selten von Insekten aufgesucht. Andere Arten sind weniger umsichtig. Ihr Überleben hängt von den Insekten ab. Verschwinden die Bestäuber, verschwindet auch die Orchidee.

## *Nahrungsmittel-Hilfspakete*

Gleichfalls eng ist die Beziehung zwischen Orchideen und Pilzen, denn die Pflanzen ernähren sich mit Hilfe von Wurzelpilzen und sind manchmal sogar von diesen abhängig. Oftmals profitieren beide voneinander und leben in Smybiose: der Mykorrhiza. In diesem Fall fungieren filigrane Pilzfäden – die Hyphen – als Feinwurzeln und versorgen die Orchidee mit Wasser und Nährstoffen. Diese wiederum versorgt ihren Partner mit Kohlenhydraten.

Je nach Lebenszyklus variiert die Abhängigkeit der Orchideen von den Mykorrhizapilzen. Chlorophyllbildende Arten können als Erwachsene weitgehend autark leben. Für die Entwicklung und das Wachstum von Jungpflanzen brauchen sie ihre Pilzpartner. Die Samen haben kaum Reservestoffe gespeichert. Sie sind winzigklein und ohne Endosperm, das Nährgewebe für den Embryo. Die Nahrungsmittel-Hilfspakete der Wurzelpilze sind daher für die Orchideensamen obligatorisch; nur mit dieser Form der Unterstützung können sie sich zu Blumenköniginnen entfalten. Der Wachstumsprozess kann unter Umständen viele Jahre in Anspruch nehmen. Beim Gelben Frauenschuh können bis zur Ausbildung des ersten Laubblatts vier und bis zur ersten Blüte sechzehn Jahre vergehen. Sobald die Orchidee Photosynthese betreiben kann, ist sie unabhängig von den Nährstofflieferungen ihres Pilzversorgers.

Orchideen, die die Fähigkeit Chlorophyll zu bilden teilweise oder gänzlich verloren haben, bleiben zeitlebens von den Wurzelpilzen abhängig. Sie zählen wie der Violette Dingel zu den partiell oder wie die Bräunliche Nestwurz zu den voll mykoheterotrophen Pflanzen. Es sind Parasiten, denn eine Vergütung für die unterirdischen Nahrungslieferanten bleibt aus.

Die Bräunliche Nestwurz ist von Kopf bis Fuß komplett gelbbraun ohne jegliche Grüntöne. Ihre Wurzeln sind miteinander verflochten und erinnern an ein Vogelnest. Deshalb wird sie auch Vogelnest-Orchidee genannt. Wer ohne Photosynthese lebt und zuverlässig von Außen mit Nährstoffen versorgt wird, kann bedenkenlos im Dunkeln wachsen. Demzufolge können wir die Blasse im Schatten der Wälder finden, insbesondere in nährstoffreichen Buchen- und Laubmischwäldern. Sie gehört zu den häufigeren Arten und gilt überregional als ungefährdet.

*Altweibersommermorgen*

# SPINNEN – ACHTBEINER AUF BEUTEFANG

**EIN GERÄUSCH HAT MICH GEWECKT.** Gellend und laut schallt es an mein Ohr. Verschlafen öffne ich die Lider. Mein Geist verweilt noch benebelt im Dämmerzustand zwischen Schlaf und Wachsein. Es dauert einen Moment, bis er in der Realität ankommt. Die Nacht ist dabei, sich zu verabschieden. Diffus nehme ich meine Umgebung wahr. Da ist es wieder, zweifelsfrei – ein Grünspecht! Sein Ruf klingt wie Gelächter: kjük–kjük–kjück ..., schnell aneinandergereiht und schrill.

Mein „Wecker“ scheint sich ganz in der Nähe aufzuhalten. Entschlossen strecke ich die Glieder, öffne den Reißverschluss, entwinde mich dem Schlafsack, greife das Fernglas und trete vors Zelt. Draußen liegt eine Traumwelt vor mir. Nebelstreifen schweben als Schleier über der Wiese zu meinen Füßen und locken zum Hineinlegen. Eine filigrane Wattedecke, die Behaglichkeit verspricht und sich beim Näherkommen in nichts auflösen wird. Spinnweben mit Tautropfen verziert hängen wie Perlenketten zwischen den Grashalmen – so weit das Auge reicht. Scherenschnittbäume säumen die Fläche und halten Wache. Im Hintergrund ragen die Silhouetten der Berge dunkelblaugrau gen Himmel. Die Sonne ist gerade am Horizont erschienen und taucht alles in Pfirsichrosa. Ein Altweibersommermorgen wie er im Buche steht.

## *Die fünfte Jahreszeit*

T-Shirt-Temperaturen und strahlendblauer Himmel – die Geschwister Spätsommer und Frühherbst zeigen sich von ihrer Schokoladenseite und schenken uns den Altweibersommer, die fünfte Jahreszeit zwischen Sommer und Herbst. Tagsüber kann es noch sehr warm werden, in der Nacht kühlt es sich schon deutlich ab. Morgennebel und Tautropfen prägen den Tagesbeginn. Wer jetzt mit den Hähnen aufsteht und einen Spaziergang durch die Natur unternimmt, wird mit herrlichen Bildern belohnt. Der Tau macht uns Myriaden von Spinnweben sichtbar.

Vielleicht sind Baldachinspinnen oder die Jungspinnen anderer Arten für die Bezeichnung Altweibersommer verantwortlich. Sie schweben ab dem Spätsommer mit ihren Flugfäden über der Landschaft, um neue Lebenswelten zu erobern. Im Licht der Sonne glitzern die Seidenluftschiffe der Reisenden federweiß und silberfarben. Es sieht aus, als würde das Haar alter Weiber im Wind wehen. Tatsächlich ist die Herkunft des Wortes unklar. Sein Ursprung könnte auch in dem althochdeutschen Verb „weiben" für das Knüpfen von Spinnweben liegen.

Legenden berichten, dass die Silberfäden von Nornen gewebt wurden. Die Schicksalsgöttinnen der altnordischen Mythologie bestimmen bei der Geburt das Schicksal und Lebensende eines Menschen. Zu Füssen des Weltenbaumes spinnen sie ihre Schicksalsfäden. Wer sich in der Seide verfängt oder von ihr berührt wird, gilt als Glückskind.

## *Gefangen im Zelt*

Es sind vor allem die Fallen der Baldachinspinnen, die von den Tautropfen offenbart werden. Gespinstteppiche wie nach oben gewölbte Hängematten mit einem Baldachin aus senkrechten Fäden als Stolperfalle. Fliegt ein Insekt gegen das Gerüst, stürzt es in das Auffangnetz des Jägers wie ein Trapezkünstler, der seinen Einsatz verpasst hat. Die Spinne lauert mit dem Bauch nach oben auf der Unterseite, ergreift ihr Opfer durch das Geflecht und zieht es zu sich hinunter.

Die Gemeine Baldachinspinne gehört mit einer Körperlänge von fünf bis sieben Millimetern zu den größten Vertretern der Familie der Baldachinspinnen innerhalb der Ordnung der Webspinnen. Sie ist die häufigste der heimischen Baldachinspinnen und vermutlich auch insgesamt die häufigste heimische Spinne. Die Mehrzahl ihrer Verwandten misst höchstens drei Millimeter und sieht sich zum Verwechseln ähnlich. Viele Arten sind nur unter dem Mikroskop eindeutig identifizierbar.

Von Wiesen und Feldrainen über Gebüsche und Wälder zu Gärten und Parks – die Gemeine Baldachinspinne ist weit verbreitet und in allen Lebensräumen vertreten. Ihre Netze können wir häufig in der Strauchschicht oder in Bodennähe finden, manchmal auch in mehreren Metern Höhe. Sie ist an ihrer Kontrastfärbung zu erkennen: unterseits dunkelbraun bis schwarz, oberseits auf dem Hinterleib gelblichweiß mit einer Zeichnung in Braun und auf dem Vorderleib beigebraun mit einem schwarzen Mittelband, das sich nach vorne teilt und wie eine Stimmgabel aussieht. Die Beine sind ebenfalls beigebraun. Aus der Luft gesehen wirkt sie dunkel und von unten gegen den Himmel betrachtet hell. Eine Anpassung an ihre Lebensweise mit dem Bauch nach oben; so ist sie bestens getarnt.

## Luftschiffe

Alljährlich begibt sich der Nachwuchs der Baldachinspinnen und anderer Arten nach dem Schlupf auf Flugreise. Spinnen haben viele Geschwister und kommen dicht gedrängt zur Welt. Es gilt daher, ein eigenes Revier mit ausreichend Platz zu finden. Wird der Populationsdruck zu groß und die Nahrung knapp, gehen neben den Jungtieren auch erwachsene Baldachinspinnen auf Wanderschaft. Sie alle stehen neben der Konkurrenz der Artgenossen auch der Gefahr des Kannibalismus gegenüber. Da erscheint es klüger, sich rechtzeitig aus dem Staub zu machen und anderswo ein neues Zuhause zu suchen. Vom Sommer bis in den Winter hinein ist Umzugszeit, dann machen sich die Reiselustigen auf den Weg ins Ungewisse. An manchen Tagen schweben sie in solchen Massen am Himmel, dass wir auf Schritt und Tritt von Spinnfäden umgarnt werden.

Am Reisetag suchen die Spinnen einen erhöhten Startplatz auf, strecken ihren Hinterleib in die Höhe und produzieren einen Flugfaden. Dessen Länge entscheidet mit darüber, wie hoch und wie weit der Ausflug gehen wird. Sobald der Faden lang genug ist, wird er vom Wind erfasst und das Abenteuer beginnt. Mit der Thermik geht es nach oben und in die Ferne. Das Ziel ist unbekannt. Kilometerweit können sich die Tiere auf diese Weise von ihrem Ausgangspunkt entfernen und, einmal angekommen, auf neuem Terrain ihr Glück versuchen. „Luftschiffen" wird diese Art der Fortbewegung genannt, auf Englisch „Ballooning" = Ballonfahren.

Spinnen sind mit ihren Luftschiffen schon in Tausenden von Höhenmetern und Hunderte von Kilometern über dem Meer entdeckt worden. Auf der Reise drohen ihnen viele Gefahren. Lediglich ein Bruchteil der Abenteurer erreicht die neue Welt. Die meisten werden vorher von Vögeln wie dem Mauersegler oder anderen Luftjägern verspeist, landen im Wasser oder auf unwegsamem Gelände. Wahrscheinlich sind diejenigen im Vorteil, die bereits nach wenigen Metern wieder landen und sich in der Nähe ihres Geburtsortes niederlassen.

Der Grünspecht scheint wie vom Erdboden verschluckt. Vielleicht ist er beim Überfliegen fündig geworden und hockt jetzt irgendwo in der Vegetation, um Ameisen zu frühstücken, sein Leibgericht. Barfuß laufe ich über das feuchte Gras an den Saum der Wiese und bewundere die Seidenkunstwerke der Spinnen von Nahem.

## *Kunstwerke aus Seide*

Die Hängemattennetze der Baldachinspinnen liegen wie ein Flokatiteppich im Riesenformat flächendeckend über der Graslandschaft und beherrschen die Szene. Schlohweiß und wollig. In meinem Umfeld sehe ich weitere Formen und Muster im Flor. Da sind zunächst die Radnetze der Kreuzspinnen oder anderer Radnetzspinnen, die sich zwischen Hochstauden und Halmen spannen. Ihre Form ist gleichmäßig und erinnert an Wagenräder. Die Besitzer lauern entweder in der Mitte und warten auf Beute oder verstecken sich außerhalb und halten über einen Signalfaden Kontakt. Verheddert sich ein Opfer im Netz, wird sein Zappeln übertragen und die Spinne eilt herbei.

Die hellen Flecken, angeordnet zu einem Kreuz, verraten ihre Identität – die Gartenkreuzspinne gehört zu den berühmtesten und mit bis zu achtzehn Millimetern gleichzeitig zu den größten Spinnenarten in Mitteleuropa. Sie ist häufig und weit verbreitet. Ob in der Fensterecke, im Garten, auf Wiesen oder in Wäldern, bestimmt hat jeder von uns schon ihre Bekanntschaft gemacht. Sie fällt wie alle Spinnen besonders im Spätsommer und Herbst auf, wenn die Alttiere ausgewachsen und befähigt sind, Riesennetze zu produzieren. Taubehangen und taufrisch glänzen die Flechtwerke dann im Morgenlicht, denn sie werden täglich neu errichtet, gewöhnlich unmittelbar vor Sonnenaufgang. Kreuzspinnen sind Frühaufsteher! Das Netz vom Vortag dient als Frühstück. Es wird komplett aufgefressen.

Die Spinne, die mir von allen Radnetzspinnen am meisten gefällt, ist ein Neubürger mit exotischem Aussehen. Gestreift wie ein Zebra in Schwarz,

*Im Mittelpunkt: Wespenspinne*

Gelb und Weiß sitzt sie in der Mitte ihres Netzes: farbenfroh und attraktiv. Früher war die Wespenspinne – auch unter dem Namen Zebra- oder Tigerspinne bekannt – eine Seltenheit bei uns. Um das Jahr 1900 gab es in Deutschland nur zwei Vorkommen. Im Verlauf des zwanzigsten Jahrhunderts hat sie ihr Verbreitungsgebiet ausgedehnt und ist mittlerweile überall sehr häufig. Ihre Bestände nehmen weiterhin deutlich zu.

Die Wespenspinne stammt ursprünglich aus dem Mittelmeerraum und ist ein Sonnenanbeter. Dementsprechend bevorzugt sie wärmebegünstigte Standorte mit niedrigem Pflanzenbewuchs, ein Lebensraum, den sich die

Einwanderin mit Heuschrecken teilt. Diese landen daher häufig in ihren Fängen. In das Netz ist senkrecht durch die Mitte ein Zickzackgeflecht eingewebt. Daran lässt es sich leicht von jenem der Kreuzspinne unterscheiden. Vermutlich dient dieser Gespinststreif der Tarnung der bunt gezeichneten Spinnen. Sie gehören zu den Arten mit ausgeprägtem Kannibalismus. Männchen leben gefährlich, denn die Paarung überstehen nur wenige. Der Größenunterschied der Geschlechter ist beträchtlich: Weibchen werden bis zu fünfundzwanzig Millimeter lang, ihre Partner höchstens fünf bis sechs.

In der Vegetation am Rande der Wiese entdecke ich ein Trichternetz. Das dicht gewebte Gebilde gleicht einer Trompete mit einer großen und weiten Öffnung, die sich nach hinten verjüngt und in einer Wohnröhre mit Fluchtloch endet, höchstwahrscheinlich das Zuhause einer Labyrinthspinne. Sie wird acht bis vierzehn Millimeter lang, hat lange Beine und ist abwechslungsreich graubraun gemustert. Üblicherweise wartet die Fallenstellerin vor ihrem Schlupfwinkel im Inneren des Portals. Wagt sich ein Eindringling auf die Gespinstmatte, stürzt sie herbei und überwältigt ihn. Das Opfer wird mit Spinnseide umwickelt, per Giftbiss gelähmt, in das Esszimmer gebracht und dort verzehrt. Auf ihrem Speiseplan stehen Insekten bis zum Format einer mittelgroßen Heuschrecke. Droht Gefahr, kann sie durch den Hinterausgang entkommen

Trocken und warm – die Labyrinthspinne lebt bevorzugt auf Trockenrasen, Brachflächen, Heiden und extensiv bewirtschaftetem Grünland sowie in Gebüschen oder an Wald- und Wegrändern mit schütterer Vegetation. Sie ist weit verbreitet und häufig. Ihre Netztrichter können im Durchmesser Größen von bis zu fünfzig Zentimetern erreichen. Wir finden die Gespinste in der Regel am Boden oder in Bodennähe zwischen Gräsern und in der Krautschicht unterhalb von einem Meter Höhe.

## *Stahlhart und seidenweich*

In meiner Kindheit stand ein Spinnrad in der Ecke unseres Hausflurs, ein Erbstück. Es diente nur noch als Dekorationsobjekt und Staubfänger. Gelegentlich nutzten Spinnen das Holzgerüst als Ankerpunkt für ihr Netz – bis zum Putztag hatten sie damit Erfolg. Die Vorstellung, wie die Frauen meiner Familie in der Vergangenheit davor saßen und Wolle spannen, hat mich immer fasziniert. Eine Handwerkskunst, die mehr und mehr verloren geht. Meine Großmutter wusste noch von seinem aktiven Gebrauch zu erzählen; offenbar bedarf es einiger Übung. Spinnen haben es da leichter, sie tragen sowohl den Rohstoff als auch ihr Spinnrad – die Spinndrüse – immer bei sich und das Wissen um das Spinnen der Fäden ist angeboren.

Die Spinndrüsen befinden sich im Hinterleib der Spinnen. Je nach Spinnenart gibt es davon bis zu acht. In ihrem Inneren befindet sich ein flüssiges Proteingemisch, welches mithilfe der Spinnwarzen zu einem festen Faden umgewandelt wird. Bei den Spinnwarzen handelt es sich um die Ausführorgane der Spinnenseide. Sie sind von außen als Ausstülpung sichtbar und sehr beweglich, ebenso wie der Hinterleib der Spinne. Auf diese Weise sind die Tiere in der Lage, ihre Spinnfäden in die gewünschte Richtung zu lenken.

Spinnenseide ist ein Wunderwerk der Natur: wasserfest und wasseraufnahmefähig, hitze- und kältebeständig, stabil und belastbar, leicht und flexibel. Sie kann um das Dreifache ihrer Länge gedehnt werden, ist viermal so belastbar wie Stahl, hält Temperaturen bis zweihundertfünfzig Grad aus und widersteht obendrein den Angriffen von Pilzen oder Bakterien. In der Volksheilkunde wurde die Seide der Spinnen seit jeher als Wundauflage und für die Blutstillung verwendet. Mittlerweile wurde ihre Wirksamkeit unter Laborbedingungen bestätigt. Wissenschafter sind dabei, weitere Einsatzmöglichkeiten zu erforschen, etwa zur Nervenregeneration.

Im Mittelpunkt steht die Goldene Seidenspinne, welche in der Neuen Welt verbreitet ist. Ihre Spinnenseide ist ausgesprochen reißfest. Die Forscher gewinnen den Stoff ihrer Begierde, indem sie die Tierchen durch Ziehen an ihrem Haltefaden zur Produktion animieren. Die Spinne denkt, sie fällt in die Tiefe und rollt ein Sicherungsseil aus. Dessen Stärke beträgt 0,2 Millimeter. Zweihundert bis fünfhundert Meter kann die vermeintlich Fallende bei diesem simulierten Absturz abrollen.

## *Gerüstet für alle Fälle*

Ob als Polstermaterial für die Wohnstube, Kokon für Eier und Samen, Gerüst zum Bau einer Insektenfalle, Lasso für die Jagd, Seil zum Fesseln und Konservieren von Beutetieren, Kommunikationskabel, Halteleine zur Absturzsicherung und Orientierung oder Flugfaden für Reisen – Spinnen passen die Produktion ihren Bedürfnissen an und stellen dementsprechend Fadentypen unterschiedlicher Qualität her. Sie unterscheiden sich in Dicke, Struktur und chemischer Beschaffenheit.

Die Gartenkreuzspinne kann mit ihren Spinnapparaten sieben verschiedene Fadentypen herstellen, die dick oder dünn, kräftig oder fein, elastisch oder klebrig sind. Für ihr Radnetz baut sie zunächst ein Grundgerüst aus robusten Rahmen- und Speichenfäden. Auf jenem wird sodann die Fangspirale befestigt. Diese ist sowohl fest und federnd als auch haftend. Sie kann dem Aufprall eines Insekts mühelos standhalten; wie ein Trampolin schwingt die Oberfläche zurück ohne zu reißen und – anstatt die Beute nach oben zu katapultieren wie das hüpfende Kind auf dem Sportgerät – bleibt das Opfer dank der Klebwolle daran hängen und ist gefangen. Art und Intensität der Schwingungen nach dem Aufprall verraten der Spinne die Größe ihres Leckerbissens. Andere Seile ersetzen das Telefon: Zupfsignale des Weibchens signalisieren dem Männchen bei der Balz, wann es sich der Angebeteten nähern darf. Sind die Spinnen unterwegs, schleifen sie eine Sicherungsleine hinter sich her. Damit können sich die Tiere jederzeit wie ein Bergsteiger abseilen. Blitzschnell und gewandt.

## *Zebrastreifen*

Inzwischen sind auch die Kinder aufgewacht und wir nehmen auf der Picknickdecke vor dem Zelt Platz. Müsli, Brot, Marmelade, Honig, Käse, Bananen, Äpfel und Weintrauben stehen zum Frühstück bereit. Bereits nach kurzer Zeit erscheinen Ameisen, wie immer die ersten Besucher bei Tisch. Fleißig transportieren sie Krümel ab. Hier und da krabbeln Käfer vorbei. Zaungäste, die schnell weitereilen. Vermutlich dient ihnen der Weg über unser Tuch als Abkürzung. Dann landet überraschend ein Neuankömmling auf meinem Holzbrett. Schwarz-weiß gestreift und klein mit Sonnenbrille. Eine Mauer-Zebraspringspinne!

Im Gegensatz zu den stationären Webspinnen jagen Mauer-Zebraspringspinnen mobil. Sie laufen auf der Suche nach Fliegen, Mücken, Ameisen oder anderen Kleininsekten lebhaft durch die Gegend. Ihr Revier befindet sich auf steinigen Trockenwiesen, Felswänden, Mauern, Hauswänden oder

an Zaunpfählen – Hauptsache warm und sonnenexponiert. Unverzichtbar ist der Haltefaden, den die Spinne ständig hinter sich herzieht, speziell für die Jagd in der Höhe. Kommt ein Beutetier in Sicht, pirscht sie sich heran, springt punktgenau auf ihr Opfer zu und ergreift es mit Beinen und Cheliceren. Die Cheliceren oder Kieferklauen sind ein Mundwerkzeug der Spinnen und bei den meisten Arten mit einer Giftdrüse versehen.

Der Sprung der Mauer-Zebraspringspinne ist präzise berechnet und nur selten verfehlt sie ihr Ziel. Für den Fall der Fälle zieht die Sicherungsleine die Jägerin wieder an ihren Ausgangspunkt zurück. Zudem schützt das Seil beim Kampf mit wehrhaften Insekten vor dem Absturz.

*Mauer-Zebraspringspinne*

Mauer-Zebraspringspinnen werden fünf bis sieben Millimeter groß. Sie haben einen gedrungenen Körperbau und wie alle Sichtjäger außerordentlich leistungsfähige Augen. Auffällig sind die zwei großen Frontaugen. Weitere sechs Augen verteilen sich in drei Querreihen auf dem Vorderleib. Diese Anordnung ist charakteristisch für Springspinnen und ermöglicht ihnen den Überblick in alle Richtungen, auch nach hinten. Die Sprungjäger nehmen selbst kleinste Bewegungen wahr. Ergänzend besitzen sie vermutlich auch ein gut entwickeltes Formen- und Farbensehen.

## *Harmlos oder gefährlich?*

Wie die Mauer-Zebraspringspinne und ihre Verwandten ist auch eine Vielzahl der Wolfsspinnen Sichtjäger, die sich bei Tag anschleichen. Andere Spinnenarten sind Nachteulen. Zu ihnen gehört die Große Hauswinkelspinne, unsere „Hausspinne". Den Tag verbringt sie in ihrem trichterförmigen Wohngespinst, im Dunkeln wird die braun bis schwarz gefärbte Spinne aktiv. Sie lebt bevorzugt in Höhlen, Stollen und Gebäuden sowie in trockenen Hecken, Feldgehölzen, Laubwäldern und auf Brachflächen. Ihre Körperlänge beträgt gerade einmal zehn bis sechzehn Millimeter. Größe täuscht sie mit ihrer Beinspannweite von bis zu zehn Zentimetern vor. Ein Anblick, der mir in meiner Kindheit des Öfteren einen Schrei entlockte; insbesondere wenn ich mich beim Öffnen der Kellertür überraschend Auge in Auge mit dem Tier befand. Angst brauchen indes ausnahmslos Kellerasseln, Stubenfliegen, Mücken und andere Insekten vor ihr zu haben. Für uns Menschen ist sie harmlos. Ein Biss würde allein bei starker Bedrängnis erfolgen und wäre lediglich durch weiche Haut möglich. Er bliebe ohne schwere Folgen, vergleichbar mit einem leichten Mückenstich.

Das Gift der Spinnen dient in erster Linie der Lähmung oder Tötung ihrer Beutetiere. Fühlen sich die Tiere bedroht, können sie sich mit ihrem Biss auch aktiv zur Wehr setzen. Die Cheliceren der meisten heimischen Arten sind zu kurz, um unsere Haut zu durchdringen und ihr Gift ist für uns Menschen zu schwach, um eine wahrnehmbare Wirkung zu zeigen. Vier Vertreter sind neben der Großen Hauswinkelspinne die Ausnahme der Regel.

Die einzige heimische Spinne, deren Biss auch bei uns deutlich spürbare Symptome hervorruft, ist eine Wiesenbewohnerin und dank der leuchtenden Warnfärbung leicht zu bestimmen. Ihr Vorderkörper ist orangerot, der Hinterleib gelbgrün. Sie hat lange Beine und kräftige Cheliceren, welche unsere Haut mühelos durchdringen können. Die Mundwerkzeuge mit dem schwarzen Giftzahn sind deutlich sichtbar. Mit rund fünfzehn Millimeter Körperlänge zählt der Ammen-Dornfinger zu unseren größten Spinnen. Die Weibchen erreichen eine Beinspannweite zwischen drei und vier Zentimetern, manchmal auch bis zur Größe eines Handtellers. Die Männchen sind – wie bei Spinnen im Allgemeinen üblich – kleiner.

Ammen-Dornfinger gehören zu den Nachtjägern, die sich tagsüber in ihren Wohnhöhlen verkriechen. Das Gespinst ist kugelförmig und wird zwischen Halme gewebt. Sie sind wärmeliebend und bevorzugen trockene Offenbiotope mit hohem Gras. Ihre ursprüngliche Heimat ist der Mittelmeerraum. Mittlerweile ist die Art auch bei uns auf dem Vormarsch und breitet sich landesweit aus. Laut Roter Liste gilt sie als häufig und deutlich zunehmend.

Üblicherweise leben Ammen-Dornfinger eher scheu und zurückgezogen. Zwischen Juli und September legt das Weibchen die Eier in einen hühnereigroßen Kokon, den die Jungspinnen nach dem Schlupf noch eine Weile bewohnen. Er wird von der Mutter bewacht und heftig verteidigt. In dieser Zeit sind die Spinnen sehr aggressiv. Wenn sie sich und ihre Brut bedroht fühlen, beißen sie unvermittelt und schnell zu. Es empfiehlt sich daher, in den Sommermonaten das Betreten hochwüchsiger Wiesen mit Beständen der Giftspinne zu vermeiden, insbesondere die Annäherung an Gespinste.

*Ammen-Dornfinger*

Der Biss eines Ammen-Dornfingers kann zu länger anhaltenden starken Schmerzen und Schwellungen der betroffenen Stelle, Kopfschmerzen, Übelkeit, Erbrechen, Schüttelfost und Lähmungen führen. In der Regel klingen die Beschwerden nach rund zwei Wochen ohne Folgen ab.

Die Wasserspinne ist ebenfalls in der Lage, alle unsere Hautschichten zu durchdringen. Ihr Biss gleicht einem Wespenstich. Sie lebt in einer luftgefüllten Blase unter Wasser. Wer ihre Taucherglocke in der Vegetation stiller oder langsam fließender Gewässer entdeckt, kann sich als Glückspilz fühlen. Die Unterwasserbewohnerin ist aufgrund der Zerstörung und Verschmutzung ihrer Lebensräume gefährdet. Ihre Bestände sind stark rückläufig.

Gartenkreuzspinnen können nur dünne oder weiche Haut durchdringen. Ihr Biss ist mit dem Stich einer Mücke vergleichbar. Die Symptome ähneln sich und klingen schnell wieder ab.

In den letzten Jahren gibt es vermehrt Sichtungen der Nosferatu-Spinne, die aus dem westlichen Mittelmeergebiet stammt. Dort lebt sie in lichten Wäldern oder Gebäuden. Bei uns beschränken sich ihre Funde derzeit auf Standorte innerhalb oder in der Nähe von Gebäuden. Rötung, Brennen und Juckreiz gleichen einem Mücken- oder Bienenstich. Sie kann unsere Haut ausschließlich an empfindlichen Stellen durchdringen.

## *Spindeldürr und lang*

Das Minizebra ist zwischenzeitlich vom Frühstücksbrett ins Gras gesprungen und verschwunden. Wir räumen zusammen und rüsten uns für eine Wanderung in die Berge. Beim Betreten des Innenzeltes fährt mir ein Schreck in die Glieder. Eine Riesenspinne auf meinem Kissen! Acht Beine und spindeldürre Beine, die die Innenfläche meiner Hand ausfüllen würden. In Windeseile ergreife ich das Lupenglas der Kinder, um sie zu fangen und in die Freiheit zu entlassen.

Schnell wird klar, dass hier eine Fehlbestimmung vorliegt. Es handelt sich um einen Weberknecht. Er zählt wie die Webspinnen zur Klasse der Spinnentiere und sieht diesen auf den ersten Blick zum Verwechseln ähnlich. Zweiundfünfzig verschiedene Weberknechtarten gibt es in Deutschland. Im Unterschied zu den Spinnen wirken ihre Körper kompakt und rundlich, denn Vorder- und Hinterkörper sind miteinander verwachsen. Auf einem Hügelchen sitzen zwei Linsenaugen. Ihre Beine sind außergewöhnlich lang und dünn. Mit ihnen tasten sie ihre Umgebung ab und suchen nach Beute. Bei Gefahr opfern die Tiere ein Bein, um zu entkommen. Es bricht an einer Sollbruchstelle ab. Des Weiteren besitzen Weberknechte Stinkdrüsen zur Feindabwehr. Spinndrüsen und Gift fehlen ihnen.

Der Hornkanker ist ein Paradebeispiel. Seine Beine können das Fünfzehnfache der Körperlänge erreichen. Die Kiefernklauen der Männchen sind sehr auffällig und erinnern an Hörner. Er ist im Gegensatz zu vielen seiner Verwandten tagaktiv und ein Wärmeliebhaber. Sonnige Mauern, Wegränder, Trockenrasen, Wiesen und Weiden sind sein Zuhause. Dort lauert er Blattläusen, Milben, Asseln und anderen Tierchen am Boden auf oder schlägt Fluginsekten mit seinen Beinen aus der Luft.

## *Schmarotzer auf Zeit*

Eingemummelt, die Strümpfe über die Hose gezogen, stapfen wir durch das Gras. Jetzt im Sommerhalbjahr herrscht Zeckenzeit und erst wenn die Temperaturen kontinuierlich unter sieben Grad sinken, werden solche Vorsichtsmaßnahmen überflüssig. Dann verkriechen sich die Tiere zum Überwintern in der Bodenschicht. Die acht Beine verraten sie. Zecken zählen als Angehörige der Milben ebenfalls zu den Spinnentieren. Ihr Lebensraum sind Wiesen, Weiden und Wälder sowie Parks und Gärten mit hoher Vegetation, bevorzugt schattig und luftfeucht. Dort klettern sie auf Stängel und lauern auf einen Wirt.

Die Parasiten ernähren sich von Blut. Für ihre Entwicklungsstadien von der Larve über die Nymphe zum Alttier und für die Eiablage brauchen sie je eine Mahlzeit. Erschütterungen, die Erhöhung der Umgebungstemperatur und Gerüche signalisieren ihnen das Nahen eines Opfers. Mit den Vorderbeinen krallen sie sich sodann innerhalb eines Sekundenbruchteils fest und krabbeln unauffällig an eine weiche Stelle zum Blutsaugen. Ihr Speichel enthält ein Betäubungsmittel, sodass das Eindringen in die Haut unbemerkt bleibt. Spätestens nach fünfzehn Tagen ist das Tier vollgesogen und lässt sich fallen.

Milben sind die artenreichste Gruppe der Spinnentiere. Rund fünfzigtausend Arten sind bekannt, davon lebt die Hälfte im Boden. Der Gemeine Holzbock, unsere häufigste Zeckenart, gehört mit drei bis vier Millimetern zu ihren größten Vertretern. Die kleinsten Milbenarten messen lediglich 0,1 Millimeter. Sie haben die unterschiedlichsten Lebensräume erobert. Viele sind wie die Zecken Parasiten. Andere ernähren sich von Pflanzen, Pilzen, Aas oder Geweberesten. Wir suchen uns am Abend gründlich ab und atmen erleichtert auf: Die Zecken haben uns diesmal verschont.

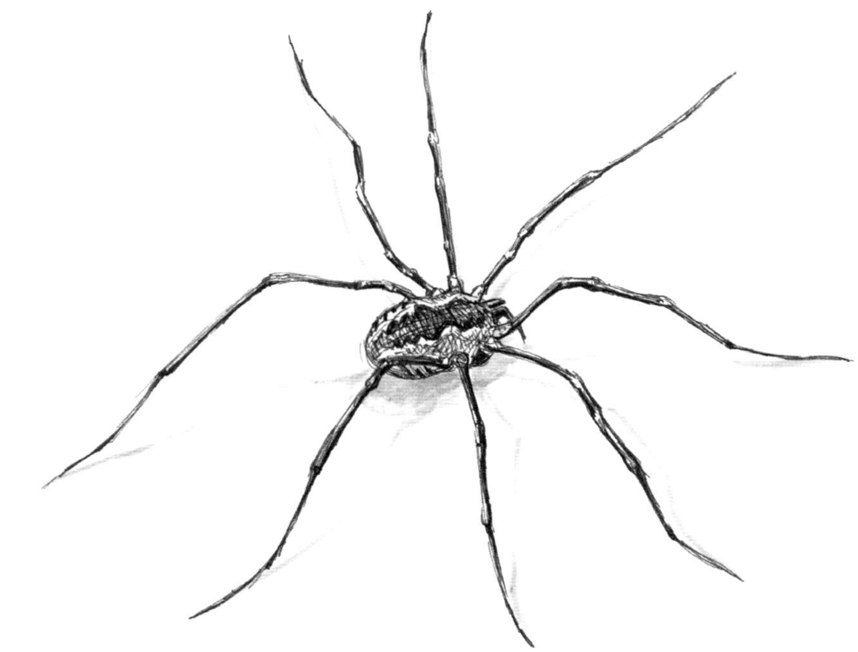

*Hornkanker*

*Schmetterlingsschlaraffenland "Wilder Dost"*

# SCHMETTERLINGE – GAUKLER AM SOMMERHIMMEL

BLÜTENPRACHT AM BERGHANG: Märchenhaft liegt die Wiese vor uns, wie aus dem Bilderbuch. Eine Palette von Farben erstrahlt im Sonnenschein. Von Weiß, Gelb und Orange über Rot, Rosa und Violett zu Grün in allen Schattierungen. Einfarbig oder bunt, gemustert oder ungemustert. Es brummt und summt, flattert und schwebt, krabbelt und kriecht. Die Insektenwelt ist zum Frühstücksbuffett erschienen. Alles, was Beinchen und Flügel hat, scheint unterwegs zu sein. Neugierig blicken wir uns um und lauschen gespannt den Erläuterungen des Experten. Rund zwanzig Teilnehmer haben sich im Kreis versammelt, vornehmlich Kinder. Einige tragen Lupengläser und Kescher. Eine Schmetterlingsexkursion ist angesetzt. Jeder hat ein Notizheftchen mit Bestimmungsschlüssel und einen Bleistift erhalten.

Der Wilde Dost steht in voller Blüte – ein Schmetterlingsschlaraffenland. Pupurrosa und verlockend. Ein Mittelmeerbewohner, der auch bei uns häufig auf Magerrasen, an Wegrainen, Waldrändern, Böschungen, in lichten Gebüschen oder Wäldern wächst; Standorte, die warm, trocken und kalkhaltig sind. Während wir die Blättchen des Wilden Majoran oder Oregano bevorzugt auf unsere Pizza streuen, naschen die Falter von seinem Nektar. Neben diesen dreien trägt die Pflanze mit den reichbestückten Dolden eine Reihe weiterer Trivialnamen: Frauendosten, Bratenkräutel, Kuchelkraut, Ohrkraut, Wilder Balsam, Wurstkraut oder Wohlgemut zeugen von seiner breiten Verwendung in Küche und Volksheilkunde seit dem Altertum. Letzterer verweist auf die Überzeugung, sein hoher Gehalt an ätherischen Ölen stärke die Lebensfreude und vertreibe Sorgen. Wer, so wie wir, seine Farbenpracht und den zarten Duft in Verbindung mit einer Unmenge an Schmetterlingen auf seinen Blüten erlebt, wird bestimmt in gehobener Stimmung durch den Tag schreiten, fröhlich und wohlgemut.

Der Ort ist gut gewählt. Wahrhaftig sind die Schmetterlinge an diesem Morgen die Hauptprotagonisten am Himmel über der Wiese. Wendig flattern sie im Zickzackkurs von Blüte zu Blüte, fliegen mal hoch in der Luft und dann nah am Boden, mal geradeaus und dann in Schleifen oder Spiralen. Würden wir ihre Kapriolen mit einem Pinsel nachfahren und auf die Leinwand bannen, wäre das Ergebnis ein abstraktes Gemälde – oder ein realistisches, denn es entspräche exakt der Flugbahn der Gaukler.

## *Achterflugbahn*

Ihre Flügel ziehen die Aufmerksamkeit auf sich. Insbesondere die Familienangehörigen der Ritterfalter, Weißlinge, Bläulinge und Edelfalter – gemeinhin als Tagfalter bekannt – bestechen mit exquisiten Formen, filigranen Mustern und herrlichen Farben. Der Schwalbenschwanz ist mit bis zu fünfundsiebzig Millimeter Spannweite einer unserer größten und prachtvollsten Schmetterlinge, ein Tagfalter der Familie der Ritterfalter. Die Oberflügel sind cremegelb mit Ornamenten in Schwarz sowie Abzeichen in Azurblau und Rosenrot. Bei ausgebreiteten Flügeln präsentiert er seine Totalzeichnung: eine schwarz-gelbe Bordüre, die auf den Vorderflügeln beginnt und sich auf den Hinterflügeln fortsetzt. Zwei Zipfel am Hinterflügel erinnern an die Schwänze der Schwalben.

Die Tragflächen der Falter bestehen aus einer Doppelschicht Chitin. Im Zwischenraum befinden sich die Flügeladern, deren Anzahl bei den einzelnen Schmetterlingsfamilien unterschiedlich sein kann und als Bestimmungsmerkmal dient. Manchmal finden wir die Flügel eines Schmetterlings als Reste einer Spinnenmahlzeit und können sie genauer untersuchen. Unter dem Mikroskop zeigt sich uns das Dach eines Minihauses. Flügelschuppen bedecken die Ober- und die Unterseite der Flügel wie Ziegel, die versetzt und überlappend angeordnet sind. Farben und Muster der Einzelschuppen wie die gelb, schwarz und blau gerahmten rosenroten Augenflecke des Schwalbenschwanzes kommen in Vergrößerung erst gänzlich zum Ausdruck.

Vorder- und Hinterflügel der Schmetterlinge sind jeweils einzeln mit dem Außenskelett sowie durch Kerben, Vorsprünge oder Stacheln oftmals auch untereinander verbunden und arbeiten synchron. Zwei Muskelpaare steuern den Flug. Sie werden abwechselnd angespannt und entspannt. Den Aufschlag bewirken die Hebermuskeln, welche als Verbindung von Brust-

*Schwalbenschwanz*

und Rückenschild senkrecht im Brustkorb – dem Thorax – verlaufen. Werden diese kontrahiert, zieht sich der Thorax zusammen und die Flügel bewegen sich nach oben. Gleichzeitig sind die Senkermuskeln erschlafft. Durch die Kontraktion der Senkermuskeln, welche von der vorderen bis zur hinteren Wand längs im Brustkorb verlaufen, nimmt der Thorax seine Ausgangsform wieder an und die Flügel bewegen sich nach unten. Jetzt sind die Hebermuskeln erschlafft. Gleichzeitig werden die Schwingen beim Aufschlag rückwärts und beim Abschlag vorwärts geführt. Auf diese Weise malen die Flügelspitzen eine Acht in die Luft. Zudem dienen der Körper und dessen Stellung als Lenkrad. Je nachdem, ob der Schmetterling nach oben oder horizontal fliegen möchte, positioniert er diesen parallel zum Boden oder senkt ihn nach vorne ab.

*Taubenschwänzchen*

Das Zusammenspiel von großen Flügeln und wenigen Flügelschlägen pro Sekunde sorgt für den Zickzackkurs der Schmetterlinge, im Allgemeinen zehn bis fünfzehn Bewegungen pro Sekunde. Eine Strategie, die Flugfeinde verwirrt und den Langsamfliegern oftmals das Leben rettet. Weißlinge wie der Große und der Kleine Kohlweißling schlagen sogar nur fünfmal innerhalb einer Sekunde mit ihren Schwingen. Ausnahmen bestätigen die Regel: Der Windenschwärmer aus der Familie der Schwärmer zählt zu den schnellsten Insekten. Er erreicht Spitzengeschwindigkeiten von bis zu einhundert Stundenkilometern. Wer glaubt, bei uns einen Kolibri gesichtet zu haben, hat höchstwahrscheinlich seinen Verwandten entdeckt: Das Taubenschwänzchen ist mit bis zu achtzig Stundenkilometern ebenfalls ein Schnellflieger. Kolibrischwärmer lautet sein Spitzname. Der Winzling schlägt bis zu neunzigmal in einer Sekunde mit den Flügeln, schwirrt wie der Zwergvogel aus Amerika im Standflug vor Blüten und kann wie dieser sowohl vorwärts als auch rückwärts navigieren.

Das Taubenschwänzchen zählt zu den Nachtfaltern und ist im Unterschied zur Mehrzahl seiner Verwandten überwiegend tagaktiv. Blüten mit langem, schmalem Kelch wie jene des Schmalblättrigen Weidenröschens sind seine Spezialität. Rüttelnd steht es vor der Öffnung in der Luft, entrollt seinen rund drei Zentimeter messenden Saugrüssel und saugt den Göttertrank. Blitzschnell wechseln die Schwirrflieger von einer Futterquelle zur nächsten, denn ihr Energiebedarf ist hoch. Bis zu einhundert Blüten können sie innerhalb einer Minute anfliegen, wenn diese eng beieinanderstehen.

Das Taubenschwänzchen gehört zu unseren häufigsten Wanderfaltern. Die kalte Jahreszeit verbringt es im Mittelmeerraum. Dort ist es warm und frostfrei. Die ersten Einwanderer treffen gegen Ende Mai bei uns ein und pflanzen sich hier fort. Die Schwärmer sind gerne auf sonnigen und blütenreichen Waldwiesen oder Kahlschlägen, an Waldrändern oder in Gärten unterwegs. Ihr Nachwuchs wird ab Juli von einer zweiten Welle Immigranten verstärkt. Im September und Oktober zieht ein Teil der Population in den Süden, um dort zu überwintern. Die Hiergebliebenen werden früher oder später ein Opfer der Kälte. Die milden Temperaturen in einigen Regionen Süddeutschlands führen dazu, dass einzelne Falter den Winter überstehen und dort ganzjährig beobachtet werden können.

Der Windenschwärmer gehört ebenfalls zu den Wanderfaltern, die jährlich aus Südeuropa und Nordafrika zu uns pilgern. Seine Flügel sind graubraun, blaugrau und schwarz gezeichnet, der Hinterleib ist grau mit einer schwarz-rot-weißen Bänderung. Tagsüber ruht der Nachtfalter gut getarnt an Baumstämmen, auf Steinen oder am Boden. Sein Saugrüssel ist mit bis zu zehn Zentimetern der längste im europäischen Falterreich und erreicht mühelos die tiefsten Nektarquellen. Die Raupen leben überwiegend von Blättern der Acker- und der Zaun-Winde oder anderen Windengewächsen. Sie kleiden sich zunächst knallgrün und später, ab der dritten Häutung, braun. Dunkle Schrägstreifen verzieren ihr Gewand. Weitere Zugschmetterlinge sind der Totenkopf, ebenfalls ein Nachtfalter und Schwärmer, sowie – als Vertreter der Tagfalter – der Postillion, der Admiral und der Distelfalter.

## *Einmal im Leben*

Ein Schmetterlingsleben ist kurz. Alle Wanderfalter begeben sich höchstens einmal im Leben auf Pilgerfahrt. Eine Generation lebt im Süden. Von dort zieht diese oder deren Nachwuchs im Frühjahr nach Norden, vermutlich um Dürre und Nahrungsmangel zu entgehen. Dort angekommen vermehren sie sich und sterben schließlich. Die nächste oder übernächste Generation flieht dann im Herbst vor der Kälte nach Süden – und so schließt sich der Kreis. Ihre Wanderungen bleiben häufig unentdeckt, denn die Reisenden fliegen meistens über längere Zeiträume und auf breiter Front. Erkennbar sind ziehende Schmetterlinge an ihrem schnellen und zielstrebigen Flug in eine Richtung. Manchmal kommt es zu Massenansammlungen. Dann finden wir uns plötzlich auf einer Bergwiese von Hunderten von Faltern umgeben oder wundern uns über das Wimmeln des Blütenbuschs.

Über die Art und Weise der Orientierung ist wenig bekannt. Wahrscheinlich richten sich Schmetterlinge ähnlich wie Vögel nach dem Sonnenstand, Geländemarken wie Gebirgskämmen oder Wasserflächen und den Erdmagnetfeldern. Eventuell spielen auch die Düfte unserer Landschaften eine Rolle. Diese scheinen so spezifisch und prägnant, dass sie als Geruchslandkarte dienen könnten.

## *Potpourri an Farben und Mustern*

Ganze dreizehn Arten entdecken wir im Verlauf des Vormittags allein am Oregano. Der Distelfalter ist einer von ihnen. Er ähnelt dem Kleinen Fuchs. Beide sind oberseits orange mit dunklen Flecken und Flügelrändern. Der Distelfalter fällt mit weißen Abzeichen in den dunklen Flügelspitzen und einem dünnen weißen Saum auf. Die schwarze Bordüre des Kleinen Fuchses ist mit Punkten in Hellblau verziert. Während Distelfalter als echte Zugschmetterlinge nur im Sommerhalbjahr über unseren Wiesen gaukeln, bleiben Kleine Füchse ganzjährig in Mitteleuropa. Zwischen Oktober und Februar oder März – je nach Wetterlage – überwintern sie in Holzhaufen, Gebäuden oder Schlupfwinkeln.

Das Landkärtchen wechselt seine Garderobe. Die Flügeloberseite der Frühlingsgeneration ist braunrot bis orange und schwarz mit wenigen weißen Flecken. Sie schlüpfen im April und sind bis Juli unterwegs. Die

Sommergeneration fliegt ab Mitte Juli und sieht vollkommen anders aus: schwarz mit einem halbkreisförmigen weißen Band, das sich über die Vorder- und Hinterflügel zieht. Dünne rote Abzeichen und ein schmaler weißer Saum vervollständigen das Bild. Das Aussehen der Flügelunterseite gab der Art ihren Namen. Sie erinnert an eine Landkarte und ist in beiden Kleidern ähnlich.

Entscheidenden Einfluss auf die Ausbildung der abweichenden Erscheinungsformen besitzen offenbar die Temperaturen und die Tageslichtlänge während des Puppenstadiums – und diese sind bei den Jahresgenerationen der Landkärtchen völlig verschieden. Sommerpuppen haben es lange hell und warm. Sie schlüpfen bereits nach rund zwei Wochen. Herbstpuppen überwintern und verbringen mehrere Monate in der Kälte. Die Tage sind zudem kurz und lichtarm. Erst im Frühling verwandeln sie sich zu Schmetterlingen.

Ein Schwarz-Weiß-Muster wie das gleichnamige Brettspiel kennzeichnet den Schachbrettfalter. Sein Lebensraum sind Magerwiesen, die extensiv bewirtschaftet und spät gemäht werden, grasbewachsene Waldlichtungen, Bahndämme, Wegränder oder Böschungen. Er fliegt auf die Blütenfarben Blau, Rot und Violett. Der Nachwuchs ernährt sich genügsam von verschiedenen Gräsern.

In das Potpourri aus Orange, Braunrot, Schwarz und Weiß mischen sich weitere Töne: das Zartgelb der Zitronenfalter, das Dunkelbraun der Ochsenaugen, das Himmelblau der Hauhechel-Bläulings-Männchen – die Weibchen sind gewöhnlich braun mit einer Reihe orangefarbener Flecken am Flügelhinterrand –, das Blauschwarz des Schwarzgefleckten Bläulings, das Knallrotschwarz der Blutströpfchen und die Leuchtfarben der Tagpfauenaugen mit ihren charakteristischen Augenflecken in Schwarz, Blau, Gelb und Rot.

In großer Zahl erscheinen der Kleine und der Große Kohlweißling. Beide schmücken sich weißlich bis gelblich mit dunklen Spitzen und Flecken auf den Flügeln. Wer Gemüse im Garten anbaut, hat bestimmt schon Bekanntschaft mit ihrem Nachwuchs oder dessen Hinterlassenschaften gemacht. Die Raupen sind allgemein als Kohlliebhaber bekannt. Unersättlich wie die Raupe Nimmersatt von Eric Carle nagen sie die Blätter von Weißkraut, Wirsing, Kohlrabi, Brokkoli oder Blumenkohl bis auf die Rippen ab und hinterlassen ihren schmierigen schwarzen Kot als Visitenkarte. Darüber hinaus stehen die Knoblauchsrauke, das Gemeine Hirtentäschelkraut, das Wiesen-Schaumkraut und alle anderen Kreuzblütler unserer Fauna auf ihrem Speiseplan. Die Generalisten sind wenig wählerisch und passen sich an. Dementsprechend können wir die Falter in Offenbiotopen vom Flachland bis ins Gebirge in Höhen von zweitausend Metern antreffen.

## *Verwandlungskünstler*

Vom winzigen Ei und der unscheinbaren Raupe über die mysteriöse Puppe zu einem wunderschönen Flugkünstler – die Metamorphose zum Schmetterling erscheint wie ein Wunder und hat uns Menschen schon immer fasziniert. Sie gilt als Sinnbild für Tod und Wiederauferstehung sowie als Symbol der Entwicklung und Verwandlung. Wie die Raupen werfen wir unsere alte, enge Haut ab, um fortan mit einer neuen, schöneren und ausgedehnteren Hülle durchs Leben zu tanzen: leicht und schwerelos wie ein Falter im Goldblau über dem Blütenmeer, dem Licht entgegen.

Die Eier der Schmetterlinge sind winzigklein und bemerkenswert fantasievoll gestaltet. Farben, Formen, Oberflächenstruktur und Muster variieren von Art zu Art. Wer Blattunterseiten mit einer Lupe untersucht, kann sie entdecken und den Arten oder Familien zuordnen. Die Eier der Kohlweißlinge sehen vergleichsweise schlicht aus. Gelb gefärbt, längs gerieft und konisch geformt prangen sie unter den Kohlblättern, beim Großen Kohlweißling in Grüppchen drapiert, beim Kleinen Kohlweißling einzeln. Bläulingseier sind flach und rund wie eine Scheibe mit einer Vertiefung in der Mitte. Ihre weiße und netzartige Oberfläche erinnert an einen Kristall. Sie werden in der Regel einzeln abgelegt. Das Landkärtchen türmt seine Eier aufeinander. Sie sind grünlich, halboval und weisen Längsrillen auf. Wie der auf den Kopf gestellte Schiefe Turm von Pisa hängen sie an der Blattunterseite von Brennnesseln. Kugelrund und glatt ist die Eierform der Schwalbenschwänze und anderer Ritterfalter. Die Eier sitzen individuell an Doldenblütlern wie der Wilden Möhre, dem Gemeinen Pastinak oder dem Wiesen-Kerbel. Ihre Farbe wechselt je nach Entwicklungsstand von Weiß über Rot zu Grau. Dann schlüpfen die Raupen.

Diese sind anfangs schwarz, später leuchtendgrün mit schwarz-orange-gelber Musterung. Die grelle Färbung dient vermutlich der Abschreckung von Fressfeinden; genauso wie eine fleischige orangerote Nackengabel, die bei Gefahr ausgestülpt wird und einen unangenehmen Duftstoff verströmt. Vielleicht waren die Raupen des Schwalbenschwanzes Vorbild für das Kinderbuch von Eric Carle, denn ihre Fressleistung ist rekordverdächtig. Innerhalb von zwei Wochen vertausendfachen sie ihr Gewicht und häuten sich vier- bis fünfmal. Dann heften sie sich mit ihrem Hinterende an einen Stängel, schnallen den Oberkörper mit einer Seidenschlaufe fest und streifen die Raupenhülle ab.

In der Puppenruhe von rund sechzehn Tagen vollzieht sich der Umbau zum Imago, dem fertig ausgebildeten und geschlechtsreifen Insekt. Am Schlupftag platzt die Puppenhaut auf, der Falter zwängt sich heraus und pumpt zum Entfalten seiner Flügel Körperflüssigkeit in die Adern. Danach

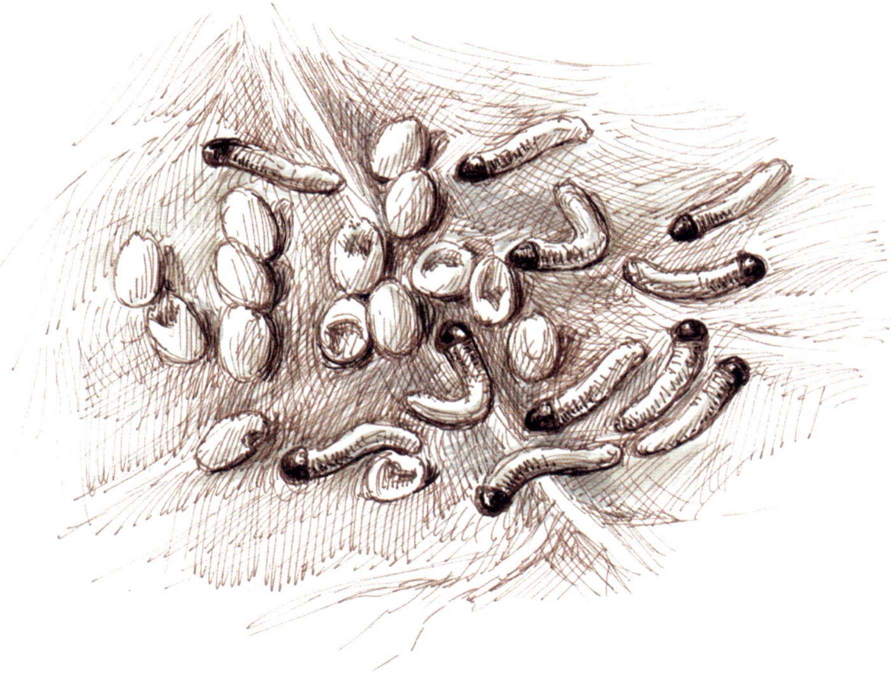

*Eier und Raupen des Großen Kohlweißlings*

verharrt er noch eine Weile bewegungslos an der Pflanze, um zu trocknen. Sobald sein Körper erhärtet ist, schwingt sich der Schmetterling in die Höhe und beginnt sein Himmelsleben über unseren Wiesen. Er wird sich paaren und Eier ablegen – und damit beginnt der Zyklus von vorne. Die Herbstpuppen des Schwalbenschwanzes und vieler weiterer Arten überwintern. Sie schlüpfen erst im Frühjahr.

## *Tarnung und Täuschung*

Das Weibchen des Tagpfauenauges legt seine Eier in mehrschichtigen Gelegen ab, manchmal gemeinsam mit ihren Artgenossinnen unter ein und dasselbe Blatt. Im Aussehen gleichen diese jenen der Landkärtchen und an-

*Tagpfauenauge*

derer Edelfalterarten. Die Raupen leben gesellig und schützen sich mit einem Gespinst vor Feinden wie den Schlupfwespen. Hinsichtlich des Futters ist der Nachwuchs wählerisch. Das Menü besteht fast ausnahmslos aus Brennnesseln. Ihre Eltern sind dagegen wenig spezialisiert. Sie nutzen sowohl Weiden, Schlehen und Löwenzahnblüten im Frühling als auch Disteln, Flockenblumen und Klee im Sommer oder Efeu und Früchte im Herbst als Nahrungsquelle. Mehr als zweihundert Nektarpflanzen stehen auf ihrer Speisekarte, da fällt die Auswahl schwer.

Ob im Flachland oder im Gebirge – das Tagpfauenauge ist gemeinsam mit dem Kleinen Fuchs einer der Schmetterlinge, dem wir bei einem Ausflug über Wiesen und Weiden oder in lichten Wäldern am häufigsten begegnen. Auf einer Wanderung in den Alpen begleitet er uns sogar bis in Höhen von zweitausendfünfhundert Metern. Warme Spätwintertage nutzen die beiden bereits für Erkundungsflüge. Sie gehören wie der Zitronenfalter zu den wenigen Arten, die bei uns als Imago überwintern.

Die erste Tagpfauenaugen-Generation schlüpft im Mai, die zweite im Juli. Die Falter sind Meister der Tarnung und Täuschung. Mit zusammengeklappten Flügeln sind sie auf Stängeln oder Zweigen so gut wie unsichtbar. Das Dunkelbraun ihrer Unterseite verschmilzt mit dem Hintergrund. Welch Überraschung – oder Schock –, wenn das Tier urplötzlich seine Schwingen öffnet und uns vier große Augen anstarren. Der Trick funktioniert, so mancher Vogel erstarrt oder sucht das Weite und der Falter nutzt die Schrecksekunde, um zu entfliehen.

## *Jäger der Lüfte*

Mittagspause im Gras. Ein Baum spendet Schatten. Während wir Butterbrote und Äpfel verputzen, stärken sich die Schmetterlinge am Blütensaft oder wirbeln scheinbar ziellos um unsere Köpfe herum. Womöglich nutzen die Männchen das Sonnenlicht, um den Weibchen zu imponieren und sich in ihrer Farbenherrlichkeit zu präsentieren. Picknick mit Balzflugtanz aus dem ersten Rang. Gerade haben wir unser Mahl beendet und wollen aufbrechen, da saust unverhofft ein weiterer Wiesenbesucher vorbei. Jetzt landet er auf einem Halm und wir können ihn gründlich betrachten.

*Vierfleck*

Vier dunkle Flecken auf jedem Flügelpaar verraten ihn: der Vierfleck, eine Großlibelle mit einer Flügelspannweite von rund acht Zentimetern. Sein Körper ist kräftig gebaut und schimmert mattgoldbraun. Er trägt seine Flügel weit ausgebreitet und beweist dadurch einmal mehr seinen Status, denn die meisten Kleinlibellenarten schlagen ihre Flügel im Ruhezustand nach oben. Außerdem ist deren Körper länger und dünner. Vierflecke sind Ansitzjäger und haben feste Sitzwarten. Nach der Jagd kehren sie immer wieder auf ihren Lieblingsaussichtspunkt zurück.

Während der Libellennachwuchs für seine Entwicklung auf Bäche oder Teiche angewiesen ist, erscheinen die Imagines auch fernab von Gewässern über Wiesen und Weiden, Heiden und Mooren. Sonnige, blütenreiche

Landschaften mit einer Vielzahl an Fluginsekten sind ein Nahrungsparadies ohnegleichen für die Luftjäger. Gebüsche und Bäume am Saum bieten Ruheplätze.

Der Vierfleck fliegt zwischen Mai und August. Er ist weit verbreitet und bekannt für seine Wanderlust. Oftmals verlässt er nach dem Aushärten der Flügel sein Schlupfgewässer und erkundet die Welt. Derart erschließen sich die Libellen neue Lebensräume. Mitunter bilden sich kilometerlange Schwärme, die aus Abertausenden von Tieren bestehen können und über weite Entfernungen reisen.

Im Unterschied zu den Schmetterlingen können Libellen ihre Flügelpaare und sogar jeden Einzelflügel unabhängig voneinander bewegen – in jede beliebige Richtung! Damit sind sie die unangefochtenen Meister am Himmel. Abrupte Richtungswechsel, Rückwärtsfliegen oder Standflug gehören zum Standardprogramm ihrer Flugshow. Der Vierfleck erhebt sich und jagt einer Mücke hinterher. Wir folgen seinem Beispiel mit gegensätzlichem Motiv: Flucht vor den Angriffen der Blutsauger.

*Grünes Heupferd*

# HEUSCHRECKEN UND ZIKADEN – INSEKTEN MIT SPRUNGKRAFT

DAS PROJEKT WILDBLUMENWIESE scheint rundum geglückt. Prächtig liegt sie vor mir: eingeschmiegt zwischen Gartenteich, Brombeerhecke und Gemüsegarten. Das Gras ist mittlerweile mehr als kniehoch gewachsen. Kornblumen und Margeriten, Kleine Wiesenknöpfe und Wiesen-Flockenblumen blühen um die Wette. Bienen, Hummeln und Schmetterlinge sammeln fleißig Nektar. Familie Hausrotschwanz ist ebenfalls anwesend. Der Nachwuchs hat sein Nest auf dem Balken unter unserem Garagendach kürzlich verlassen. Nun hocken die Halbwüchsigen auf dem Rankgerüst und lassen sich noch eine Weile von den Eltern füttern. Sie zittern mit dem Schwanz und knicksen mit den Beinen, ganz nach Rotschwanzmanier. Ihr Vater überwacht den Flugraum über dem Farbenmeer. Immer wieder fliegt er kurz auf, um sich ein Insekt aus der Luft zu schnappen und es in die weit geöffneten Mäuler der Hungrigen zu stopfen. Die Mutter glänzt durch Abwesenheit und gönnt sich womöglich eine Ruhepause. Wiesenidylle im Kleinformat.

Der Anblick der Speisenden erinnert mich an mein Vorhaben, Möhren und Salat für unser Mittagessen zu ernten. Gerade bin ich im Begriff, meinen Blick zu senken und den Plan zu realisieren, als mich ein Flattern aus den Augenwinkeln mitten in der Bewegung verharren lässt. Wie aus heiterem Himmel sitzt ein Grünes Heupferd vor mir. Knallgrün und riesengroß! Ob es mich bereits eine zeitlang beobachtet hat oder just in diesem Moment auf der Bildfläche erschienen ist?

Seine Tarnung zwischen den Blättern ist vollkommen. Sofort kommt mir die Volksweise „Grün, grün, grün sind alle meiner Kleider ...“ in den Sinn, denn das Ton-in-Ton-Gewand ist sein Aushängeschild und – um dem Ganzen die Krone aufzusetzen – genau wie der Schatz im Lied ist auch das Tier ein Jäger. Ein Längsstreifen auf dem Rücken setzt oftmals einen Farbakzent in Braun und perfektioniert die Maskerade. Schmal und dezent gleicht die Linie der Ader eines Laubblattes. Seine Sprungbeine sind groß und kräftig, wie es sich für Heuschrecken gehört. Bei manchen Exemplaren schimmern sie gelblich. Sehr selten können wir sogar rein gelbe Individuen finden, größtenteils unter älteren Genossen.

## *Grünlinge*

Das Grüne Heupferd trägt den Titel der größten heimischen Heuschreckenart und zählt zu den Langfühlerschrecken – und lange Fühler hat es fürwahr! Etwa fünf Zentimeter misst sein Kopfschmuck, dessen Zittern mir die Anwesenheit seines Trägers preisgegeben hatte. Kurzfühlerschrecken schmücken sich hingegen mit kurzen Antennen. Diese entsprechen höchstens der Hälfte ihrer Körperlänge. Ein Beispiel liefert uns der Gemeine Grashüpfer, der wie sein fast doppelt so großer Verwandter weit verbreitet und überaus häufig ist. Wer es genau wissen will, kann die beiden in aller Regel kurzerhand und unmittelbar auf derselben Sommerwiese miteinander vergleichen.

Charakteristisch sind darüber hinaus die enorm langen Flügel der Grünen Heupferde, welche weit über den Rumpf hinausragen und beim Weibchen mit der Spitze der Lege-

*Gemeiner Grashüpfer*

röhre enden oder diese noch übertrumpfen. Sie verweisen auf die guten Flugkünste der Grünlinge. Im Ruhezustand werden die Hinterflügel von den Vorderflügeln bedeckt.

Ihr Lebensraum sind Offenlandschaften wie Wiesen und Felder, Gärten und Parks, Wegraine und Trockenrasen, die überwiegend trocken und sonnig sind. Grüne Heupferde gelten als Flachlandtiroler und kommen in den Alpen in der Regel nur unterhalb von fünfhundert Metern vor. Je nach Alter und Entwicklungsstand bewohnen sie unterschiedliche Höhenlagen innerhalb der Vegetation. Die Eier werden am Boden abgelegt. Erst nach eineinhalb bis fünf Jahren schlüpfen die Larven. Diese halten sich während der sieben Stadien bis zur Häutung zum Imago in der Blatt- und Stängelschicht auf. Mit jedem Hüllenwechsel ähneln sie ihren Eltern mehr. Ausgewachsene Tiere streben nach oben. Sie fühlen sich in Büschen und Bäumen wohl.

Zwischen Juni und Oktober können wir in den verschiedenen Etagen der Wiese nach den kleineren und größeren Grünen Heupferden Ausschau halten. Mit Ausdauer und Geduld lassen sich die Waidmänner vielleicht bei der Jagd beobachten; inklusive einem beherzten Sprung auf das Opfer, welches sodann mit den Vorderbeinen gebändigt wird. Auf ihrer Speisekarte stehen Blattläuse, Käferlarven, Fliegen, Raupen und sonstige Fleischkost; auch Artgenossen werden gnadenlos erbeutet. Gelegentlich knabbern sie an Pflanzen.

Zwei weitere Heupferde gibt es bei uns, alle kleiden sich grasgrün. Die Zwitscherschrecke ist die kleinste der Bande. Sie liebt es feucht und lebt bevorzugt auf Wiesen; insbesondere im Bergland, wo die Art nahezu flächendeckend vertreten ist. Ihre Flügel sind kurz. Beim Männchen reichen die Spitzen bis zum Körperende, beim Weibchen bis zum Beginn ihrer Legeröhre. Im Gegensatz zu ihren Geschwistern sind Zwitscherschrecken flugunfähig. Körpergröße und Flügellänge des Östlichen Heupferds liegen zwischen jener der beiden Verwandten. Schwarze Dornen an der Unterseite der Unterschenkel offenbaren seine Identität. Bei uns ist es selten, denn Deutschland liegt am Westrand seines Verbreitungsgebiets. Vorkommen gibt es hauptsächlich in Berlin und Brandenburg, vereinzelt auch in anderen Teilen Ostdeutschlands. Besiedelt werden trockene und warme Grasflächen, Getreidefelder, Brachen oder Wegränder.

## *Zwei, vier, sechs = Insekt*

Mein grüner Gast zieht es vor, mehr oder weniger bewegungslos auf einem Blatt zu ruhen, anstatt mir seine Jagdkünste vorzuführen. Auf diese Weise habe ich Gelegenheit, ihn eingehend zu betrachten. Zwei, vier, sechs – wer bis sechs zählen kann, hat das erste Bestimmungsmerkmal gleich zur Hand: Heuschrecken sind Insekten und diese besitzen von Natur aus immer sechs Beine, unumstößlich und verlässlich. Die für Insekten typische Dreiteilung des Körpers aus Kopf, Brustkorb (Thorax) und Hinterleib (Abdomen) ist auch gut zu sehen, da er seine Flügel leicht angehoben hält.

Sein Insektenkörper wird von einer Hülle aus Chitin, Proteinen und anderen Bestandteilen geschützt, der Cuticula, die als Außen- oder Exoskelett fungiert. Seitlich am Kopf liegen wie zwei Minisiebe die Facettenaugen, welche aus einer Vielzahl von Einzelaugen bestehen. Jedes einzelne erzeugt einen individuellen Blickpunkt, dessen Auflösung vollkommen klar und scharf ist. Zusammengefügt entsteht ein Mosaikbild der Umgebung, ähnlich einem stark verpixelten Foto am Computer – mit Rundumsicht. Derart ausgestattet, ist das Grüne Heupferd bestens für ein Überleben in der Wildnis oder auf meiner Gartenwiese gerüstet: als Jäger zum Aufspüren, Verfolgen und Ergreifen von Beutetieren, als Gejagter zur Wahrnehmung von Feinden und zum Antreten der Flucht, So kann er bei Gefahr rechtzeitig und schnellstmöglich in Deckung gehen. Drei weitere Einzelaugen sitzen wie Pünktchen auf der Stirn, die Punktaugen oder Ocelli. Ihre genaue Funktion ist immer noch Gegenstand der Forschung. Sie dienen unter anderem dem Dämmerungssehen und, so wird vermutet, als Gleichgewichtsorgan. Ein Paar Fühler und Mandibeln, die kräftigen und gezähnten Mundwerkzeuge zum Abbeißen und Zerkleinern der Nahrung, vervollständigen das Bild.

## *Weitsprung mit Muskelstärke und Federkraft*

Die drei Peinpaare sitzen an den Segmenten des Thorax, ebenso wie die Flügel. Die Flugextremitäten liegen seitlich zusammengefaltet an seinem Körper. Die Vorderflügel verdecken die Hinterflügel. Im ausgebreiteten Zustand würde sich ihr unterschiedliches Aussehen zeigen: Das vordere Flügelpaar ist schmal und stärker verhärtet als das hintere, welches beim Fliegen fächerartig ausgebreitet wird.

Die Laufgliedmaßen bestehen aus jeweils drei Einheiten: Fuß, Schiene und Schenkel; Tarsus, Tibia und Femur heißen die Fachbegriffe dafür. An den Endgliedern der Tarsi sind die beiden Krallen der Heuschrecken gut zu erkennen. Die Tibiae erinnern mich an Rosenzweige, denn auf deren Oberseite prangen zwei Längsreihen Dornen. Ihre Anzahl auf der Hinterschiene kann ein Hinweis auf die eine oder andere Heuschreckenart sein. An der Basis der Vorderschienen, direkt unterhalb der Knie, entdecke ich eine längliche Öffnung: die Tympana. Dabei handelt es sich um das Ohr der Langflügelschrecken. Bei den Kurzfühlerschrecken wie dem Gemeinen Grashüpfer befindet sich diese Gehöröffnung im ersten Rückensegment.

Blickfänger stellen zweifelsohne die Hinterbeine dar, die wie bei allen Heuschrecken zu Sprungbeinen ausgebildet sind. Die Keulenform der Schenkel sticht mir sofort ins Auge. Diese sind groß und mächtig. Sie bergen kräftige Muskeln und verhelfen den Heuschrecken zu ihren Sprungleistungen der Meisterklasse. Manche Arten haben die Fähigkeit, ihre Körperlänge um ein Vielfaches zu übertrumpfen und vergleichsweise weite Distanzen mit einem einzigen Abstoß zu überwinden.

Langfühlerschrecken rangieren im Allgemeinen eher auf den hinteren Plätzen dieser Kategorie des Leichtathletik-Wettbewerbs. Sie hüpfen eher langsam und über kurze Distanzen. Ihr Sprung wird durch direkte Muskelkontraktion ausgelöst. Einmal in der Luft, können die Heuschrecken ihre Flügel zu Hilfe nehmen und der Hopser wird zum Sprung-Gleitflug. Das Grüne Heupferd mit seinen langen Flügeln gilt unter Seinesgleichen als guter Flieger.

Auf den vorderen Rängen liegen ganz klar Kurzfühlerschrecken wie die Gemeinen Grashüpfer. Das Sklerit, ein halbmondförmiges Element ihres Außenskeletts nahe dem Kniegelenk zwischen Schenkel und Schiene, fungiert bei ihnen als Sprungkraftverstärker. Muskeln verbiegen das Sklerit wie eine Blattfeder und sorgen auf diese Weise dafür, dass die Tiere immer „auf dem Sprung“ und startklar sind – ihr Sklerit ist fortwährend gespannt. Löst sich die Spannung, indem die Heuschrecke ihre Hinterbeine ruckartig streckt, wird sie aus dem Stand hoch in die Luft und nach vorne katapultiert. Der Gemeine Grashüpfer kann dieserart bis zu zwei Meter überwinden – bei rund zwei Zentimeter Körperlänge!

Mit einem Trampolin können wir es ihnen gleichtun. Entscheidender Unterschied: Die Federn des Sportgerätes werden erst durch unser Körpergewicht unter Spannung gesetzt und lösen sich, sobald unsere Füße abheben, so dass wir erst nach einem kräftigen Hops abheben und über die Matte hinweggleiten. Wir bräuchten demnach ein Trampolin, dessen Sprungtuch am tiefsten Punkt festgestellt und auf ein Kommando unserer Beine gelöst werden kann, um wie ein Gemeiner Grashüpfer durch die Turnhalle zu springen.

## *Unter der Erde*

Die Sprungkompetenz der Heuschreckenarten unterscheidet sich erheblich, je nach Lieblingsfutter und Lebensumständen. Wer wie die Maulwurfsgrille unterirdisch haust und auf die Jagd geht, kann auf solch eine Fähigkeit verzichten. Sie hat ihr Sprungvermögen komplett zurückentwickelt und nutzt die mächtigen Hinterbeine stattdessen, um sich mit deren Hilfe kraftvoll durch die Tunnel zu schieben. Die Vorderbeine sind zu Grabschaufeln umgewandelt. Damit buddelt der „Maulwurf der Insektenwelt" seine Gänge tief in feuchte und lockere Böden mit niedrigem Grasbewuchs, gerne im Erdreich von Wiesen oder Randstreifen in der Nähe von Gewässern.

Maulwurfsgrillen zählen ebenfalls zu den Langfühlerschrecken. Sie werden vier bis fünf Zentimeter groß und sind dunkelrotbraun gefärbt. Ihre Nahrung besteht vornehmlich aus Insektenlarven, Würmern und anderen Tierchen. Hin und wieder ergänzt vegetarische Kost

*Europäische Maulwurfsgrille*

das Menü. Bei Überbevölkerung und Nahrungsmangel kann es zu Fraßschäden an Pflanzen kommen. Daher werden sie als Wurzelschädlinge verdammt und verfolgt. Mittlerweile ist die Maulwurfsgrille in weiten Teilen Deutschlands bereits verschwunden oder sehr selten geworden. Ihre Bestände sind rückläufig. Das Ausmaß der Gefährdung ist unbekannt, da die Untergrundbewohner unseren Blicken meistens verborgen und schwer zu beobachten sind. In der Regel kommen sie nur nachts an die Oberfläche.

## *Männlein oder Weiblein?*

Die Geschlechter der Heuschrecken können an ihrer Hinterleibsspitze unterschieden werden. Mit Ausnahme der Maulwurfsgrille weisen alle Heuschreckenweibchen eine Legeröhre auf, um ihre Eier abzulegen. Bei den Langfühlerschrecken ist diese sichel-, schwert- oder stabförmig und deutlich sichtbar – als hätten sie einen Stachel, der aus dem Abdomen ragt. Demzufolge korrigiere ich meine Ansprache: Ganz offensichtlich leistet mir heute eine Grüne Heupferdin bei der Ernte Gesellschaft. Der Legeapparat der Kurzfühlerschrecken ist dagegen kurz und zum Teil in den Hinterleib zurückziehbar.

Die Eier werden in der Erde oder oberirdisch an Pflanzen, in Blätter, rissige Baumrinde oder Stängel abgelegt und sodann sich selbst überlassen; mit Ausnahme jener der Maulwurfsgrillen. Diese legen Brutkammern an und bewachen ihren Nachwuchs. Aus den Eiern schlüpfen Larven, die sich während ihres Wachstums mehrfach häuten, bis sie schließlich – nach der letzten Häutung – in Größe und Aussehen ihren Eltern wie aus dem Gesicht geschnitten sind.

## *Geigenkonzert auf der Wiese*

Rattern, Schwirren, Sirren – das Zirpen der Heuschrecken begleitet uns im Sommer auf Schritt und Tritt. Sie haben sich als Wiesenmusikanten einen Namen gemacht. Der Ton wird mechanisch erzeugt. Ihre Instrumente tragen die Tiere immer bei sich: Flügel, Beine und Mandibeln. Geige und Bogen der meisten Langfühlerschrecken sind ihre Vorderflügel, welche zum Musizieren leicht angehoben werden. Sie besitzen zur Lauterzeugung auf der Unterseite eine Schrillleiste mit Querrippen und auf der Obersseite eine Schrillkante. Die Melodien entstehen, indem die Tiere ihre Flügel mit den Stridulationsorganen in zum Teil atemberaubender Frequenz aneinanderreiben. Zwei große membranöse Flächen verstärken die Laute. Sie werden Harfe und Spiegel genannt. Ausnahmen sind das Grüne Heupferd und seine Laubheuschreckenverwandten. Diese verlassen sich allein auf den Spiegel als Tonverstärker.

Die Feldgrille ist besonders begabt. Das Repertoire der Männchen beinhaltet Hochzeitsweisen, Revierabgrenzungsgesänge und Kampflieder. Sie kleiden sich glänzend schwarz – ein Frack, ganz im Stil waschechter Konzertmusikanten – und bewohnen trockene Gebiete mit niedriger Vegetation. In Süd- und Ostdeutschland können wir ihrem Vortrag regelmäßig lauschen, im Nordwesten gibt es nur sporadische Vorkommen. Die meisten anderen Arten sind vergleichsweise simpel gestrickt und betören ausschließlich mit Einheitslauten.

Kurzfühlerschrecken ergänzen das Orchester mit weiteren Instrumenten. Grashüpfer nutzen einen der Hinterschenkel als Geigenbogen und streichen damit über ihre Flügel. Diese formen ein Dach, welches als Resonanzkörper dient. Auf Feucht- und Nasswiesen lebt die Sumpfschrecke. Ihre Lautäußerungen erinnern an das Knipsen von Fingernägeln. Das Geräusch wird durch Anheben und Wegschleudern eines ihrer Hinterbeine erzeugt, als würde sie wie ein Fohlen kraftvoll mit dem Fuß nach hinten austreten. Bei dieser Bewegung streichen die Dornen der Tibia über eine gezähnte Zwischenader des Flügels. Das Zähneknirschen der Knarrschrecken können wir nur aus der Nähe wahrnehmen. Sie reiben die Kauflächen ihrer Oberkiefer aneinander. Die Weibchen vieler Heuschreckenarten bringen ihre Stimmen ebenfalls ein. Ein Signal an die Männchen, dass sie paarungsbereit sind. Ihre Gesänge ertönen in der Regel seltener und deutlich leiser.

## *Trommler mit Saugrüssel*

Aus dem Mittelmeergebiet kennen viele von uns das Gezirpe der Singzikaden. Im Hochsommer bildet es die Hintergrundmusik der Landschaft. Ihr Auftritt ist stetig und lautstark. Sie ähneln den Heuschrecken, können ebenfalls gut springen und werden daher oftmals mit diesen verwechselt.

Tatsächlich gehören beide unterschiedlichen Ordnungen innerhalb der Insekten an. Zikaden zählen gemeinsam mit Pflanzenläusen und Wanzen zu den Schnabelkerfen oder Hemiptera. Sie alle sind mit stechend-saugenden Mundwerkzeugen zur Nahrungsaufnahme ausgestattet, anstelle der beißend-kauenden der Heuschrecken.

Zikaden leben auch bei uns. Sie besiedeln Wiesen, Weiden, Gebüsche oder Wälder jeder Art und in allen Höhenlagen. Mit einer Körperlänge von weniger als zwei bis zu achtunddreißig Millimetern sind die meisten Arten eher klein und werden häufig übersehen. Dazu trägt auch ihre Tarnfärbung bei. Schaumzikaden wie die Wiesenschaumzikade verraten sich durch ihre Spuren, die Kuckucksspucke.

*Wiesenschaumzikade an ihrer Schaumhülle*

*Zum Abflug bereit: Bergzikade nach dem Schlupf aus ihrer Puppenhülle*

Sie gehören zu den Rundkopfzikaden. Viele Arten dieser Unterordnung können akustische Laute produzieren; für uns hörbar sind nur die Gesänge der Singzikaden. Diese besitzen zudem als einzige Zikaden Hörorgane. Alle anderen Zikaden nehmen die rhythmischen Gesänge vermutlich mittels einer Vielzahl von Rezeptoren wahr, die sich am Körper befinden. Anders als die Heuschrecken erzeugen sie ihre Töne mit dem Tymbal- oder Trommelorgan, einer nach außen gewölbten Cuticularplatte an der Basis des Hinterleibs. Diese wird durch Muskelkontraktionen eingewölbt und so in Schwingungen gebracht. Darunterliegende Luftsäcke verstärken den Schall.

Singzikaden lieben die Wärme. Sie leben bevorzugt auf Halbtrockenrasen und sind unsere größten Zikaden. In Deutschland treten fünf Arten auf. Am ehesten können wir mit der Echten Bergzikade rechnen. Sie kommt mäßig häufig südwärts der Mittelgebirge vor. Ihre Bestände sind rückläufig. Zwei weitere Arten können von dieser lediglich am Gesang unterschieden werden: die Gras-Bergzikade und die Honigader-Bergzikade. Beide gelten als sehr selten und alle drei führen in der Roten Liste den Status „Gefährdung unbekannten Ausmaßes", da die Datenlage unzureichend ist. Von der Manna-Singzikade gibt es wenige Nachweise aus Baden-Württemberg; in der Schweiz und in Österreich ist sie häufiger. Ebenfalls sehr selten und stark gefährdet sind die Weinzwirner. Sie saugen unter anderem den Pflanzensaft der Weinreben.

## *Safttrinker*

Mattschwarz gesprenkelt – der Salat in meinem Beet ist übersät mit Pünktchen. Blattläuse! Vielleicht ist das der Grund für die Anwesenheit des Grünen Heupferds. Womöglich wartet es darauf, dass ich das Feld räume und es seine Mahlzeit einnehmen kann. In diesem Fall wird es heute leider leer ausgehen, denn die Blätter sind für unser Mittagessen bestimmt, nach gründlicher Waschung natürlich. Die Beutetiere der Heuschrecken ernähren sich wie Zikaden ausnahmslos von Pflanzensäften, dem Phloemsaft.

Von Schwarz und weiß über Grün und Gelb zu Rot und Braun oder mehrfarbig – wer die Blatt- und Stängelschicht der Wiese mit Lupenaugen durchforstet, kann die Vielfalt unserer heimischen Pflanzenläuse erkunden. In Mitteleuropa gibt es rund achthundert Arten, die oftmals auf bestimmte Ge-

*Ritterwanze*

wächse spezialisiert und dementsprechend benannt sind: Die Erbsenlaus liebt ihre Namensgeber, Klee, Wicken und andere Schmetterlingsblütler. Möhren und andere Doldenblütler werden von der Möhrenwurzellaus befallen. Eine unserer häufigsten Arten ist die Schwarze Bohnenlaus. Neben Bohnen stehen Mangold, Spinat, Zuckerrüben, Tomaten, Klatsch-Mohn und viele weitere Gewächse auf ihrer Getränkekarte, augenscheinlich auch mein Salat! Dieser landet jetzt im Korb; nebst einiger Möhren, die glücklicherweise möhrenwurzellausfrei sind und makellos aussehen.

Ein schmaler Pfad aus Feldsteinen führt durch die Gartenwiesenwildnis zurück Richtung Haus. Eine Gruppe Gemeiner Feuerwanzen hat sich dort versammelt. Mit ihren schwarz-roten Röcken gleichen sie Marienkäfern. Zwei Merkmale helfen uns, die Käfer von den Wanzen zu unterscheiden: Wanzen haben einen Saugrüssel, der wie ein Strohhalm auf ihrem Bauch liegt und sichtbar wird, wenn wir die Tiere von unten oder von der Seite aus betrachten. Obendrein scheint ihr Rücken aus mehreren Teilen zu bestehen. Typisch ist ein Schild in Dreiecksform hinter dem Halsschild. Jenes der Feuerwanze ist einheitlich schwarz und deshalb klar abgesetzt. Auf der Oberseite der Käfer können wir hingegen deutlich zwei Deckflügel ausmachen.

Feuerwanzen können leicht mit Ritterwanzen verwechselt werden, die ebenso gesellig am Boden unterwegs sind. Beide sind rot mit schwarzer Zeichnung. Bei der Feuerwanze fallen zwei kleine und zwei große Punkte auf. Die Flecke der Ritterwanze bilden ein Ritterkreuz – daher der Name. Häufig begegnet uns auch ihr grasgrüner Verwandter in der Krautschicht, an Büschen oder Laubbäumen: die Grüne Stinkwanze. Sie teilt meine Vorliebe für Himbeeren und Brombeeren. Schmeckt eine der Früchte eklig, liegt es womöglich daran, dass vorher eines der Tiere daran gesaugt hat. Ihr einfließender Speichel verdirbt das Aroma. Viele Wanzen sondern einen für uns unangenehmen Geruch ab. Ihre Duftstoffe dienen der Feindabwehr und dem Gruppenzusammenhalt oder locken Partner an.

Neben den Pflanzensaugern gibt es Wanzen, die Insekten oder andere Gliederfüßer jagen. Sie stellen ihrer Beute aktiv nach. Das Opfer wird ergriffen, angestochen und erhält einen Spritzer Verdauungsflüssigkeit. Es bildet sich ein Nahrungsbrei, den der Räuber sodann einsaugt. Eine Minderheit der knapp eintausend in Deutschland lebenden Arten ernährt sich parasitär von Körpersäften; eine davon befällt auch uns Menschen: die Bettwanze.

*Feldmaikäfer*

# KÄFER – DIE WELT VON UNTEN

**EIN MAIKÄFER!** Der erste des Jahres. Möglicherweise hat er sich just in diesem Augenblick aus dem Erdboden gegraben und ist jetzt auf dem Weg zu einem der Obstbäume. Deren Grün ist neben dem Laub der Eichen und Buchen seine Nahrungsquelle. Gemächlich krabbelt das Tier über den Rasen. Sein schokoladenbrauner Körper schimmert samtig und matt im Licht der Vormittagssonne. Die Enden der Fühler sehen aus wie kleine Fächer aus länglichen Einzelblättchen.

Aufgeregt ob dieser Entdeckung rufe ich meine Familie herbei. Für mich ist der Fund eines Maikäfers immer wieder aufs Neue eindrucksvoll, denn bisher traten die Krabbler immer nur einzeln oder im kleinen Kreis in mein Leben. Massenansammlungen kenne ich lediglich aus der Literatur oder den Erzählungen meiner Großeltern. Abwechselnd lassen wir den Hauptdarsteller aus dem fünften Streich von Max und Moritz über unsere Arme laufen. Das Trippeln der Füßchen kribbelt und zwickt, juckt und kitzelt. Genau genommen wird das zupfende Gefühl von den Endklauen verursacht, die paarweise an den Endgliedern der Tarsi sitzen. Sie sehen aus wie Widerhaken und dienen dem Käfer als Anker. Wie ein Bergsteiger mit seinem Eispickel auf dem Gletscher klammert er sich damit an meiner Haut fest, um seinen Halt zu sichern. Beim Anheben eines Beines wird diese ein winziges Stück mit hochgezogen, bevor sich die Kralle daraus löst und einen Schritt weiter vorne erneut verhakt. Der leichte Widerstand ist für das Ziepen verantwortlich.

Schließlich lasse ich den Maikäfer an meinem Finger hochklettern. An der Spitze angekommen breitet er seine Flügel aus und fliegt behäbig ab. Wir verfolgen seine Flugbahn. Das Vergnügen ist von kurzer Dauer. Kaum hat er an Höhe gewonnen, da kommt wie aus dem Nichts eine Amsel herbeigeschossen. Blitzschnell und gnadenlos schnappt sie sich den Leckerbissen aus der Luft. Fressen und gefressen werden, die Nahrungskette in Aktion.

## *Maikäferjahre*

Zwei Arten kommen bei uns regelmäßig vor: Feldmaikäfer und Waldmaikäfer. Der Kaukasische Maikäfer ist sehr selten und nur an wenigen Stellen im Südwesten zu finden. Die drei sehen sich sehr ähnlich und können erst nach genauer Untersuchung an der Gestalt ihres letzten Hinterleibringes voneinander unterschieden werden. Das Segment des Feldmaikäfers ist schmaler und länger als jenes seiner Verwandten. Ein Blick auf die Enden der Fühler verrät das Geschlecht. Männchen besitzen sieben Blättchen, Weibchen sechs.

Ab Mitte April verlassen Maikäfer ihre Puppenhülle unter der Erde, kriechen an die Oberfläche und suchen einen Baum zum Fressen. Ihr Leben als Imago ist kurz und es gilt, die Zeit effektiv und erfolgreich zu nutzen, sprich: sich fortzupflanzen. Innerhalb der nächsten vier bis sieben Wochen wird die nächste Generation gezeugt. Die Männchen sterben direkt nach der Paarung, die Weibchen nach der Eiablage.

Die Entwicklung vom Ei über den Engerling zum geschlechtsreifen Tier dauert drei bis vier Jahre. Dementsprechend kommt es in diesem Takt in einer Region zu vermehrtem Auftreten, den Maikäferjahren. In Zeiträumen von dreißig bis fünfundvierzig Jahren explodieren die Bestände und ganze Geschwader tummeln sich in den Bäumen wie im Gedicht von Wilhelm Busch. Dann werden Laubwälder von dem Milliardenheer kahlgefressen und Wurzeln durch den Verbiss der Larven nachhaltig geschädigt. Aus diesem Grund sind Maikäfer als Schädlinge verschrien. Die Land- und Forstwirtschaft rückt ihnen bis heute auf den Leib und bekämpft die Konkurrenten mit allen Mitteln. Sie schienen fast verschwunden. Seit den achtziger Jahren des letzten Jahrhunderts erholen sich die Vorkommen und mancherorts treten Onkel Fritzens Schlafräuber zyklisch wieder in Horden auf – um dann erneut verfolgt zu werden, mit Insektiziden, Pilzsporen oder Parasiten.

## *Käfertaxi*

Maikäfer sind nur kurzzeitig im Erdgeschoss der Wiese unterwegs – nach dem Schlupf und zur Eiablage. Dagegen können wir den Frühlingsmistkäfer hier als regulären Gast begrüßen. Die Streuschicht aus abgestorbenen

*Frühlingsmistkäfer*

und leicht zersetzten Pflanzenteilchen ist sein Zuhause, insbesondere auf Flächen mit Viehbesatz. Pferdeäpfel, Kuhfladen und Schafköttel dienen dem Nachwuchs als Nahrung. Unter den Hinterlassenschaften der Säugetiere graben die Weibchen Erdstollen mit Kinderstuben. In jede der Kammern wird ein Dungbällchen deponiert und ein Ei abgelegt. Hinter dem mit Erde verschlossenen Eingangsportal schlüpft, frisst und gedeiht die Larve. Im folgenden Sommer verpuppt sie sich und verlässt schließlich als Alttier ihren unterirdischen Bau, um ans Tageslicht zu kommen und sich zu vermehren. Halbovalförmig und metallisch blau, grün oder blauschwarz glänzend mit kräftigen Beinen zum Graben der Gänge und Formen der Mistkügelchen.

Taxidienst – auf den Rücken der Mistkäfer können wir des Öfteren orangefarbene Pünktchen entdecken; Gemeine Käfermilben, die sich von Kothaufen zu Kothaufen verfrachten lassen. Sie leben als Räuber auf den Ausscheidungen, erbeuten darin Fadenwürmer oder andere Mikroorganismen und fressen Pilze. Bei zunehmender Austrocknung des Dungs besteigen die Passagiere ihre Transporteure und reisen mit ihnen zu einem frischen Haufen.

## *Lieblingsspeisen*

Käfer bilden die größte Ordnung der Insekten. Sie bevölkern alle Lebensräume in sämtlichen Höhenlagen, sowohl im Großen – vom Flachland bis ins Hochgebirge – als auch im Kleinen: die verschiedenen Stockwerke meiner Gartenblumenwiese. Unter ihnen gibt es Feinschmecker jeder Art. Vom Monophagen, der nur eine einzige Lieblingsspeise hat, bis zum Allesfresser ohne Präferenzen sind alle Schattierungen vertreten: Vegetarier wie die Maikäfer und Räuber wie die Marienkäfer oder Kotfresser wie die Mistkäfer. Andere schwören jeweils auf Aas oder Pilze, Tot- oder Lebendholz, verwesende Pflanzenteile oder trockene organische Substanzen wie Federn, Haare, Sehnen und Haut. Die Larven nutzen wiederum andere Ressourcen als ihre Eltern.

Der Rote Weichkäfer ist einer unserer häufigsten Käfer, auffällig und leicht zu finden. Er bewohnt Wiesen, Weiden, Felder oder Gärten und erscheint vermehrt von Juli bis August. Dort sitzt der Hochsommerfrischler

*Roter Weichkäfer auf dem Blütenstand der Wilden Möhre*

oftmals in Gesellschaft seiner Artgenossen auf der Wilden Möhre, dem Wiesen-Kerbel oder anderen Doldengewächsen, um Blattläuse und andere Mini-Insekten zu jagen. Das Weiß der Blüten bringt seinen Anzug herrlich zum Leuchten. Er kleidet sich von Kopf bis Fuß in Rotorange oder Rotgelb. Die langen Fühler und die Flügeldeckenspitze setzen dunkle Akzente. Sein Körper ist sieben bis zehn Millimeter lang, die Statur schlank und flach. Eine elegante Erscheinung. Ab und an gönnen sich die Allesfresser zum Nachtisch eine Pollen- oder Nektarmahlzeit. Etliche Male treffen wir sie auf den Blüten bei der Paarung an, denn diese dauert mitunter stundenlang. Die Larven leben in der Streuschicht am Boden. Sie ernähren sich räuberisch von Insekten und Schnecken.

*Goldlaufkäfer*

Auf dieser Etage ist auch der Goldlaufkäfer unterwegs, ein Allesfresser und Jäger. Er gehört zu den schönsten und augenfälligsten Käfern. Sein Gewand schimmert und schillert metallisch grüngolden. Die Beine und die ersten vier Glieder der Fühler sind hellrot wie eine Tomate. Bei Landwirten und Gärtnern genießt er ein hohes Ansehen – als Feind des Kartoffelkäfers und dessen Nachwuchs, der Nacktschnecken und vieler anderer Arten, die als Nutzpflanzenschädlinge gelten. Die Larven des Roten Weichkäfers stehen ebenfalls auf seiner Abschussliste. Der Vielfraß vertilgt täglich Mengen an Beutetieren, die dreimal so viel wiegen wie er selbst.

Goldlaufkäfer können sehr schnell laufen – einen Meter in zehn bis fünfzehn Sekunden – und klettern zur Nahrungssuche auch auf Bäume. Dafür sind die Sprinter aufgrund ihrer stark reduzierten Flügel flugunfähig. Die Imagines schlüpfen erst am Ende des Sommers und suchen sich dann einen Schlupfwinkel zum Überwintern. Ihre Lebensdauer beträgt zwei bis drei Jahre.

## *Blattlaus-Gourmets*

Auf den Stängeln der Margeriten schwelgt ein weiterer Jäger in Gaumenfreuden. Dunkelblaugrau mit orangefarbenen Punkten – die Larve des Siebenpunkt-Marienkäfers. Das Grün der Pflanzen ist schwarz gesprenkelt. Es wimmelt und wuselt. Der siebte Himmel für die Blattlaus-Gourmets. Während der Entwicklung von drei bis sechs Wochen vertilgt jedes Individuum rund vierhundert der Phloemsafttrinker. Da jede Larve mehrere Hundert Geschwister hat, werden die Blattlauspopulationen der Margeriten allein vom Schlupf eines einzigen Siebenpunkt-Marienkäfer-Weibchens merklich reduziert und nachhaltig in Schach gehalten. Meine Freude ist daher jedes Mal aufs Neue groß, wenn ich die gefräßigen Tierchen entdecke.

Vom Ei über die Larve und Puppe zur Imago – die Entwicklung der Käfer verläuft in vier Stadien. Die Larven durchlaufen wiederum verschiedene Wachstumsstufen, deren Anzahl je nach Art konstant oder in Abhängigkeit von der Nahrungsqualität, Feuchtigkeit und Temperatur variabel ist. Der Übergang von einem Larvenstadium zum nächsten erfolgt über Häutungen.

Die Larven des Siebenpunkt-Marienkäfers häuten sich bis zur Verpuppung viermal. Mit ihren langen Beinchen ähneln sie Libellenlarven. Diese befähigen die Räuber, ihre Beute erfolgreich zu verfolgen und zu stellen - flink und behände. Eines Tages sind sie dann satt gefressen und ausgewachsen, heften sich mit dem Hinterteil an ein Blättchen oder Zweiglein und bereiten sich auf die Verwandlung vor. Marienkäferlarven verpuppen sich wie die Mehrzahl der Schmetterlinge in einer Mumienpuppe – eine Puppenform, bei der die Fühler und die Anlagen der Extremitäten fest mit dem Rumpf verschmolzen sind. Die Puppenhülle ist sklerotisiert

*Larve des Siebenpunkt-Marienkäfers*

und demnach verfestigt sowie meistens stark pigmentiert. Im Fall des Siebenpunkt-Marienkäfers schimmert sie zunächst gelblich, später orange mit dunklen Flecken. Nach ein bis zwei Wochen schlüpfen die Imagines, die sich bis zum Herbst ebenfalls hauptsächlich von den Pflanzensaugern ernähren.

## Glücksbringer

Ob als Blattlausvertilger oder aufgrund ihrer Färbung und Zeichnung – Siebenpunkt-Marienkäfer gelten als Glücksbringer. Sie beschützen die Kinder und heilen die Kranken. Die Zahl Sieben hat in unserer Kultur Symbolkraft und die Farbe Rot wird mit Liebe assoziiert. Wie lange mag die Wartezeit bis zu meiner Hochzeit noch sein? Zählen Frauen die Sekunden, die der Käfer auf ihrem Finger verweilt, kennen sie die Jahre. Eine Sekunde steht für ein Jahr. Männern steht die Hochzeit bevor, sobald der Glücksbringer auf ihnen landet. Die Landwirte im Mittelalter glaubten, die Käfer seien ihnen als Geschenk der Mutter Gottes gesandt – so kamen sie zu ihrem Namen. Ihre Auffälligkeit ist ein Warnsignal an Fressfeinde: Achtung, ich schmecke bitter! Bei Gefahr sondern die Bedrängten zudem ein Sekret ab, das gelblich ist und unangenehm riecht. Es brennt und ätzt. Da schnappen sich Vögel im Zweifelsfall lieber einen anderen Happen.

Etwa achtzig weitere Marienkäferarten gibt es bei uns. Manche sind rot wie der Siebenpunkt, andere rosa, orange, gelb, braun, beige oder schwarz. Manche kleiden sich einfarbig, andere besitzen zwischen zwei und vierundzwanzig Flecken. Farbvarianten innerhalb einer Art kommen ebenfalls vor. Der Zweipunkt-Marienkäfer ist entweder rot mit schwarzen Punkten oder schwarz mit roten Punkten, einfarbig rot oder einfarbig schwarz.

Marienkäfer überwintern in der Regel in kleinen oder größeren Trupps, gelegentlich kommt es sogar zu Massenansammlungen in Millionenstärke. Gewöhnlich verkriechen sie sich bis zum Frühling in der Strauchschicht am Boden, unter Steinen oder Rinde, zwischen Moos, Laub oder Gras sowie in Felsspalten oder Baumritzen. Gebäude werden ebenfalls aufgesucht. Sind die Räume warm und trocken, sterben die Tiere dort häufig an mangelnder Feuchtigkeit.

*Erntezeit: Ameisen der Art Messor structor sammeln Thymiansamen*

# AMEISEN – ARBEITSTEILUNG IM MINISTAAT

EIN GEWIMMEL UND GEWUSEL mitten auf dem Weg. Glied an Glied reiht sich aneinander zu einer scheinbar endlosen Kette. Ein Strom, schmal und stetig fließend wie das Rinnsal in einem ausgetrockneten Bachbett. Abrupt verharren mein Sohn und ich auf der Stelle, hocken uns nieder und mustern die Szene. Offenbar sind wir auf eine Hauptverkehrsader gestoßen. Unmengen von Ameisen eilen zielstrebig und ohne Unterlass in beide Richtungen. Sie kommen mit leeren Händen – genauer gesagt: Mandibeln – und gehen mit vollen. Kleine Nüsschen werden abtransportiert. Alle sind gleich groß, oval und fahlbraun gefärbt.

Die Neugier hat uns gepackt. Bedacht setzen wir unsere Füße neben die Ameisenstraße und folgen den Lastenträgern auf dem gewundenen Pfad durch die Vegetation. Der Zugang zu ihrem Bau mit der Vorratskammer ist ein Loch im Sandboden. Nach und nach verschwinden die Tierchen mit ihrer Beute in der Tiefe. Worum handelt es sich? Jetzt wenden wir uns in die entgegengesetzte Richtung, um dem Geheimnis auf die Spur zu kommen.

Nach einigen Metern entdecken wir des Rätsels Lösung. Nacheinander erklettern Ameisen die verwelkten Blütenstände eines Sträuchleins, sammeln Körner aus den Kelchblättern und machen sich wieder auf den Rückweg. Mein Verdacht bestätigt sich, als ich das Laub zwischen den Fingern zerreibe und daran schnuppere: Thymian! Während wir Menschen in aller Regel die Grünteile der Pflanze als Heildroge und Würzkraut verwenden, scheinen Ameisen die frischen Samen zu bevorzugen.

Vier Thymian-Arten wachsen natürlicherweise bei uns: der Frühblühende, der Hochgebirgs-, der Sand- und der Feld-Thymian. Die beiden Letztgenannten besitzen Heil- und Würzkraft. Seit Jahrhunderten werden sie in der Küche und Krankenpflege eingesetzt, ebenso wie der Echte Thymian aus Südwesteuropa. Dessen Inhaltsstoffe sind am wirkungsvollsten und geschmacksintensivsten. Da er frostempfindlich ist, beschränkt sich sein Vorkommen in Mitteleuropa auf Gärten und außergewöhnlich milde Lagen – oder unsere Fensterbank. Thymiane bilden Klausenfrüchte aus vier eiförmigen Nüsschen, die die Samenkörner enthalten.

## *Belohnungssystem*

Die Samen besitzen ein nährstoffreiches, ölhaltiges Anhängsel – das Elaiosom oder Ölkörperchen. Es dient einzig dem Verzehr und wird als Lockmittel eingesetzt. Seine Inhaltsstoffe sind auf die Nahrungsbedürfnisse der Ameisen abgestimmt. Diese folgen der Einladung mit Eifer und sammeln die Thymian-Diasporen, um sie in ihren Bau zu verschleppen. Manche der Leckerbissen werden auf der Wanderung nach Hause als Marschverpflegung genutzt und abgeknabbert. Die Samen verbleiben als „Verpackungsmüll" am Wegesrand und können sich dort entwickeln. Andere landen ordnungsgemäß im Speisedepot des Staates. Nach dem Fressen des Ölkörperchens deponieren die Ameisen ihre Nahrungsreste sowie überschüssige Vorräte auf Abfallhalden im Untergrund oder an der frischen Luft, gut gedüngte und geschützte Nährböden zum Keimen. Auf diese Weise sorgen die Pflanzen dafür, dass ihre Samen sich weit verbreiten und optimale Wachstumsbedingungen vorfinden. Zudem erleichtern Verletzungen, die beim Abnagen des Elaiosoms entstehen, die Keimung.

*Messor Structor beim Abtransport von Samenkörnern*

Myrmekochorie ist der Fachbegriff für den Mechanismus der Flora, Ameisen als Verbreiter ihrer Samen zu nutzen und ihnen im Austausch eine Belohnung zu bieten. Neben den Thymianen bedient sich eine Reihe weiterer heimischer Pflanzen dieser Ausbreitungsstrategie. Sie wachsen naturgemäß bevorzugt in ameisenreichen Biotopen, häufig im Wald oder auf Trockenwiesen. Wenige Arten verlassen sich so wie die Stinkende Nieswurz, die Stängelumfassende Taubnessel, der Wald-Wachtelweizen, der Hohle und der Gefingerte Lerchensporn allein auf Ameisen; die meisten können sich wie die Thymiane zusätzlich auch über Anhaftung an Tiere sowie durch Wind oder Wasser, Selbstausstreuung oder andere Methoden ausdehnen.

## *Schnitter*

Möglicherweise handelt es sich bei unserer Entdeckung um Ernteameisen. Unter dem Begriff werden Arten zusammengefasst, die sich überwiegend granivor ernähren und dementsprechend Samen von Gräsern wie der Weichen Trespe oder anderen Pflanzen sammeln. Sie werden bereits in der Bibel erwähnt. In den Sprüchen Salomons heißt es, dass der Faule vom Fleiß der Ameise lernen könne, welche im Sommer ihre Speise bereitet und zur Erntezeit ihren Vorrat sammelt. Diese Beobachtung gab der Gattung Messor – lateinisch für Schnitter – ihren Namen.

Die Art Messor structor ist im Mittelmeerraum verbreitet und die einzige Ernteameise, die in Mitteleuropa vorkommt. In Deutschland ist sie bisher noch sehr selten. Ihr Lebensraum umfasst sowohl warme und trockene Gebiete als auch schattige Lagen. Die Nester werden im Boden oder unter Steinen angelegt. Bei uns können wir die Körnersammler auf Trockenrasen in der Rheinregion von Koblenz bis Mainz und Wiesbaden sowie am Kaiserstuhl antreffen. Die Arbeiterinnen messen zwischen drei und neun Millimetern, Männchen sind sieben bis acht Millimeter lang. Ihr dunkelbrauner Körper ist sichtlich behaart.

Im Nest werden die Samen zunächst nach Pflanzenart sortiert und von den Schalen befreit. Anschließend stellen Arbeiterinnen „Ameisenbrot" her, indem sie die Körner stundenlang kauen und bei diesem Prozess mit Enzymen anreichern. Ihre Speichelzusätze sind antibakteriell und verlängern das Haltbarkeitsdatum der Insektenbackwaren. Oftmals wird lediglich ein kleiner Teil der Vorräte weiterverarbeitet, da die Produktion sehr energieaufwendig ist. Die Speisekammer steht unter ständiger Kontrolle. Schimmelnde oder keimende Samen wandern umgehend auf die Müllhalde außerhalb des Baus.

## *Vom Trampelpfad zur Autobahn*

Fasziniert beobachten wir die Ameisen bei der Ernte. Emsig und geordnet folgen sie der Straße, ohne jemals zusammenzustoßen oder die Richtung zu verlieren – sowohl auf dem Hin- als auch auf dem Rückweg. An Engpässen bilden sich Wartegruppen, die jeweils abwechselnd an den Enden der Strecke auf die Passage des Gegenverkehrs warten, als würde dort eine Ampel ihre Bewegungen dirigieren. Parfüm ersetzt ihnen die Schilder. Während unsere Nasen gerade einmal zwischen dem Aroma des Thymians, Grasschnitt, Erde oder Kuhfladen unterscheiden zu wissen, ist die Wahrnehmung der Ameisen um ein Vielfaches sensibler. Jede Art und sogar jeder Staat innerhalb einer Art folgt seiner eigenen Geruchslandkarte, die beständig aktualisiert wird.

Nachdem die Arbeiterin eines Ameisenstaates eine Nahrungsquelle ausfindig gemacht hat, sammelt sie eine Kostprobe, kehrt mit dieser zum Nest zurück und setzt auf dem Nachhauseweg Pheromone als Richtungsweiser frei. Dabei handelt es sich um chemische Botenstoffe, mit denen die Individuen einer Art untereinander kommunizieren. Im Bau angekommen, würgt die Pionierin Häppchen für ihre Mitbewohnerinnen hervor, um diese auf den Geschmack zu bringen. Derart angeregt, folgt die Mannschaft der Duftspur bis zum Ursprung und platziert ihrerseits Duftmarken. Je mehr Tiere folgen, desto stärker riecht die Straße und desto vielbelaufener wird sie – bis sich letztlich der Trampelpfad zur Ameisenautobahn gewandelt hat.

## *Gemeinsam stark*

Bis auf wenige Sonderfälle bilden alle Ameisen Staaten mit ihren Artgenossen. Diese Ausnahmen betreffen Arten, die parasitär innerhalb der Gemeinschaft artfremder Ameisenstaaten leben. Die Organisation des Volkes wird durch ein Kastensystem geregelt. Es herrscht Arbeitsteilung und diese spiegelt sich im Körperbau der Angehörigen einer Abteilung wider. Die Mehrzahl der Gesellschaft besteht aus Frauen. Die fruchtbaren Weibchen besitzen Flügel und werden Königinnen genannt. Gewöhnlich existieren nur wenige Individuen in jeder Population, manchmal nur eine einzige. Sie gründen die Kolonien und legen danach ein Leben lang Eier. Ihre Körper sind meistens deutlich größer und fülliger als jener der Arbeiterinnen, da der Brustabschnitt die Flugmuskulatur und der Hinterleib die Eierstöcke enthält. Je nach Art speichern sie zudem Nahrungsreserven in Form von Fettkörpern für die Aufzucht des Nachwuchses.

Die Arbeiterinnen können bei einigen Arten wiederum in zwei bis drei Unterkasten gegliedert sein, deren Mitglieder jeweils eigenen Aufgaben nachgehen und sich äußerlich unterscheiden, vor allem in der Größe. Sie haben überwiegend mehrere Ämter inne: Es existieren Königsversorgerinnen, Speisekammeraufseherinnen, Köchinnen, Brutpflegerinnen, Nahrungsbeschafferinnen, Müllentsorgerinnen, Nestbauerinnen sowie Soldatinnen mit riesigem Kopf und kräftigen Mandibeln. Letztere dienen allein der Verteidigung des Baus und dem Kampf. Gelegentlich ist die Kraft ihrer Mundwerkzeuge bei der Zerlegung von Beutetieren oder dem Aufbrechen von Samen gefragt. Die geflügelten Männchen entstehen ausschließlich zur Begattung der Königinnen.

## *Schwärmerei*

Mit Beginn des Sommerhalbjahres verlassen die geschlechtsreifen Ameisen – Jungköniginnen und Männchen – ihre Nester, um sich zu vermehren. Wer an warmen Nachmittagen draußen unterwegs ist, kann ihren Hochzeitsflug beobachten. Allgegenwärtig ist die Schwarze Wegameise, unsere häufigste Ameise. Sie ist klein und dunkelbraun bis schwarz gefärbt. Wir brauchen nur vor unsere Haustür zu treten, um ihr zu begegnen: unter Steinen oder Baumrinde, im Rasen oder zwischen den Fugen der Terrasse und anderen Mauerspalten.

Schwarmtag – auf der Grünfläche im Park scheinen Ameisen aus jeglichen Ritzen zu kriechen. Sie klettern an allem Möglichen hoch: Halme, Erdhügelchen, Büsche, Bäume, eine Bank ... Hauptsache eine Winzigkeit höher gelegen als die Ebene ihres Geburtsortes; eine Startrampe, um sich bequem in die Lüfte erheben und auf Partnerschau gehen zu können. Schwarze Wölkchen am Sommerhimmel. An manchen Tagen können es Tausende sein.

Von Juni bis September schwärmen die Angehörigen verschiedener Völker gleichzeitig aus ihren Nestern an die Oberfläche, um ihre Gene untereinander zu mischen. Die Paarung erfolgt im Flug. Bald darauf sterben die Männchen. Die befruchteten Weibchen werfen ihre Flügel ab und gründen eine Kolonie. Zu diesem Zweck graben sie eine Kammer und kapseln sich von der Außenwelt ab. Sämtliche Ritzen und Ausgänge werden sorgfältig verschlossen. Daraufhin legen die Tiere ein Eierpaket ab. Nach dem Schlupf verpflegen sie die Larven allein und ohne Hilfe, bis erste Arbeiterinnen herangewachsen sind und die Versorgung übernehmen können. Von nun an kümmern sich diese sowohl um die Erweiterung des Nestes als auch um die Nahrungsbeschaffung, Jungenaufzucht und Betreuung der Königin. Die Ein-Eltern-Familie lebte bis dato einzig von den Fettreserven der Mutter. Deren Tätigkeit beschränkt sich ab sofort und möglicherweise für viele Jahre auf das Eierlegen, denn Ameisenköniginnen können sehr alt werden. Nach und nach wächst der Staat heran.

Manchmal überwintert die Jungkönigin und legt ihre Eier erst im Frühling oder die Larven überdauern die kalte Jahreszeit gemeinsam mit ihr in der Brutkammer und entwickeln sich erst im Folgejahr. Daher kann die Hungerperiode mitunter ein Jahr und länger betragen. Zuweilen sind die Tiere gegen Ende der Phase so geschwächt, dass sie verbleibende Eier oder Larven fressen und ihrem Körper auf diese Weise wieder Energie zuführen.

Die Gelbe Wiesenameise gründet ihre Kolonien auf ähnliche Weise – mit dem Unterschied, dass sich vielfach mehrere Königinnen zusammentun. Sie verbarrikadieren sich alle zusammen in einer Brutkammer und versorgen ihren Nachwuchs gemeinschaftlich. Ist der Staat etabliert, findet ein Kampf auf Leben und Tod statt. Die Siegerin und einzige Überlebende ist fortan für die Eierproduktion zuständig. Gelbe Wiesenameisen gehören zu den häufigsten Ameisenarten auf unseren Wiesen. Ihre Leibspeise ist der Honigtau von Wurzelläusen, die aus diesem Grund im Inneren der Nester gezüchtet werden. Oberirdisch suchen die Arbeiterinnen nur selten nach Nahrung. Sie bleiben unseren Augen deshalb oft verborgen.

## Viehzucht

Bei Honigtau handelt es sich um die zuckerhaltigen Ausscheidungen von Insekten, die an Pflanzen saugen. Er steht auch bei der Schwarzen Wegameise und zahlreichen anderen Arten hoch im Kurs. Folglich halten sich in der Nähe von Blattlausvorkommen vielfach auch Ameisen auf. Die beiden leben in Symbiose. Auf den Margeriten meiner Wildblumenwiese kann ich ihre Partnerschaft aus der Nähe beobachten. Die dort ansässigen Pflanzensauger sind ständig von ihren Fressfeinden bedroht. Insbesondere Siebenpunkt-Marienkäfer und deren Larven erscheinen hier als Stammgäste, um sich satt zu fressen.

*Leibwache: Schwarze Wegameisen verteidigen die Blattläuse vor dem Angriff eines Siebenpunkt-Marienkäfers.*

Wohl dem, der sich auf eine Leibwache verlassen kann! Ameisen sind berühmt-berüchtigt für ihre Kraft und Wehrhaftigkeit. Wer würde sich demnach besser für dieses Amt eignen? Mit ihrem Honigtau locken Blattläuse sie an und lassen sich bereitwillig melken. Arbeiterinnen betasten oder betrommeln den Hinterleib der Pflanzensauger mit ihren Antennen, um diese zum Absondern der Honigtautröpfchen zu animieren. Im Gegenzug vertreiben die Ameisen einen Siebenpunkt-Marienkäfer, der sich just in diesem Augenblick nähert. Manchmal bauen Schwarze Wegameisen ihren Schützlingen auch ein Dach aus Erde und Sand. Eine Hand wäscht die andere!

Manche Arten halten Pflanzenläuse wie unsere Bauern Rinder, Schafe und Ziegen. Sie tragen ihre „Kühe" bei Bedarf zu frischen Gewächsen, um die Produktion von nahrhaftem Honigtau zu gewährleisten – gerne in Nestnähe – oder befördern Eier und Muttertiere zum Überwintern in den Stall: den Ameisenbau. Dort verbringen diese die Zeit bis zum Frühjahr ungestört und sicher in einer Kammer. Mit Beginn des Sommerhalbjahrs bringen die Wirte das Vieh wieder nach draußen auf die Weidegründe.

## *Aggressiv und wehrhaft*

An sonnigen und trockenen Säumen von Laub- und Laubmischwäldern, Feld- und Wegrainen sowie auf Trocken- und Halbtrockenrasen mit Büschen lebt die Braunschwarze Rossameise, eine unserer größten Ameisenarten. Sie ist weit verbreitet und häufig. Ein hervorragendes Beobachtungsobjekt! Ihr Kopf und der Hinterleib sind glänzend schwarz. Brust, Beine und Ansatz des Hinterleibs leuchten rotbraun. Die Königin ist rund siebzehn Milli-

*Königin der Braunschwarzen Rossameise*

meter lang, die Männchen zwischen sechs und vierzehn. Sie schwärmen zwischen Anfang Mai und Ende Juni.

Wie die Schwarze Wegameise und die Gelbe Wiesenameise begibt sie sich nach der Begattung in eine unterirdische Kammer. Dort legt die Jungkönigin bis zu zwanzig Eier. Nach sechs bis sieben Wochen schlüpfen die Larven, die dann gemeinsam mit der Mutter überwintern. Ihre Entwicklung pausiert, so dass sie gegen Ende des Winters die gleiche Größe haben wie nach dem Schlupf; erst danach wird der Nachwuchs reichlich gefüttert und setzt seine Verwandlung über die Verpuppung zu Imagines fort. Im Mai oder Juni erscheinen die ersten Arbeiterinnen. Diese sind mit sechs bis vierzehn Millimetern ebenso groß wie die Männchen und damit auffallend kleiner als die Königin.

Vorsicht bei der Annäherung! Braunschwarze Rossameisen gelten als ausgesprochen wehrhaft und aggressiv. Bei Störungen greifen sie schnell und schmerzhaft an. Im Mandibel-Kampf stehen die Arbeiterinnen ihrem Feind mit Abstand gegenüber, rucken kurz nach vorne, beißen zu und kehren wieder in die Ausgangsposition zurück. Ein Einzeltier kann mit seinen scharfen Mundwerkzeugen mehreren Gegnerinnen innerhalb kürzester Zeit mühelos Gliedmassen abtrennen oder diese sogar vollständig zerschneiden. Die Warnung der Artgenossen erfolgt per Trommel. Mit dem Gaster – dem bauchigen Abschnitt des Hinterleibs – oder den Mandibeln schlagen die Tiere auf einen harten Untergrund. Das Geräusch ist auch für unsere Ohren wahrnehmbar.

## *Feindliche Übernahme*

Wer Schwarze Wegameisen und Gelbe Schattenameisen einträchtig auf derselben Ameisenstraße herumlaufen sieht, hat Angehörige einer Mischkolonie entdeckt. Die Arbeiterinnen beider Arten kommunizieren miteinander, tauschen Futter aus und transportieren gemeinsam Beute in ihr Nest, als wären sie Artgenossen – harmonisch und partnerschaftlich. Was wie friedliche Koexistenz aussieht, ist in Wirklichkeit eine feindliche Übernahme.

Gelbe Schattenameisen bewohnen Offenbiotope, die weder zu feucht noch zu trocken sind. Sie gehören zu den Sozialparasiten. Dementsprechend bedürfen ihre Weibchen der Mithilfe von Arbeiterinnen der Schwarzen Wegameise oder anderer Fremdarten, um die Erstbrut aufzuziehen. Sie suchen daher gleich nach der Begattung eine Wirtskolonie, schleichen sich dort ein und dringen bis ins Herz des Staates vor, um die Wirtskönigin eigenhändig zu töten oder töten zu lassen. Im letzten Fall geschieht der Mord durch die Wirtsarbeiterinnen, die sich von der Parasitenkönigin täuschen lassen und gegen die eigene Mutter wenden.

Nach vollbrachter Tat pflegen sie den Parasitennachwuchs, ohne zu bemerken, dass es sich um Eindringlinge handelt. Eine Zeit lang existiert eine Mischkolonie. Sobald die Parasitenarbeiterinnen ausreichend zahlreich sind, werden die Wirtsarbeiterinnen eliminiert und an die Larven verfüttert. Aus der Kolonie der Schwarzen Wegameise ist eine Kolonie der Gelben Schattenameise entstanden. Die Rote Waldameise und alle anderen Echten Waldameisen sowie eine Reihe weiterer Arten bedienen sich dieser Strategie der Staatenneugründung.

*Nesthügel der Gelben Wiesenameise*

Manche Arten bilden Zweignester. In diesem Fall kehrt die Jungkönigin nach der Paarung in den Bau der eigenen Art zurück und wird dort aufgenommen. Ein Volk mit mehreren Königinnen wächst schneller. Irgendwann teilt es sich, indem ein Trupp Arbeiterinnen mit einer der Königinnen auswandert und in der Nachbarschaft siedelt. Beide Kolonien bleiben weiterhin in Verbindung. Auf diese Weise können über die Jahre riesige Nestverbände entstehen. Der Gesamtkomplex und der Einzelstaat wachsen kontinuierlich weiter, da ihre Königinnen beständig durch Jungtiere erneuert werden.

## *Berglandschaft im Miniformat*

Eine Berglandschaft im Miniformat – die Nestbauten der Gelben Wiesenameise erinnern an begrünte Maulwurfshügel. Die höchsten Gipfel erreichen bis zu fünfzig Zentimeter. Darunter verbirgt sich das Erdnest mit seinen Gängen und Kammern einschließlich der Läusezucht. Im Naturschutzgebiet Dellenhäule bei Waldhausen-Beuren in Baden-Württemberg liegt die größte Ameisenstadt Mitteleuropas mit rund siebentausend Ameisenhügeln der Gelben Wiesenameise pro Hektar.

Das Erdnest ist die am weitesten verbreitete Nestart unserer Ameisen. Es wird häufig unter Steinen oder anderen geschützten Stellen angelegt. Manche Arten versehen den Eingang mit einem Erdwall, der das Bild eines Vulkankraters wachruft. Waldameisen errichten ihre Burgen aus Streumaterial, meistens um einen Baumstumpf herum. Die oberste Schicht besteht aus Tannennadeln und wird regelmäßig umgegraben, um Pilzbefall zu verhindern. Die Schwarze Rossameise baut ihre Kolonie in das Kernholz gesunder Baumstämme, gelegentlich auch in Holzbauten. Die Wasser- und Nährstoffleitbahnen bleiben unversehrt, so dass der Baum weiterlebt und gleichzeitig anfälliger gegenüber Windbruch ist. Die Braunschwarze Rossameise besiedelt Totholz.

Das Innere der Behausungen ist bei allen Nestern gleich: Neben der Residenz der Königin gibt es Kinderzimmer für Eier, Larven in verschiedenen Stadien und Puppen, Speisekammern und Ruheräume sowie einen Friedhof. Manche Arten beherbergen zudem eine Läusezucht.

*Lüneburger Stülper in der Heide*

# BIENEN – BLÜTENBESTÄUBER UND HONIGPRODUZENTEN

DIE SONNE STEHT HOCH AM FIRMAMENT und strahlt mit uns Kindern um die Wette. Es ist herrlich warm und wir spielen barfuß im Gras. Plötzlich verdunkelt eine wabernde Wolke den Himmel über der Obstwiese. Es ist wieder soweit! Alljährlich wiederholt sich das Schauspiel, meistens am Nachmittag zwischen Mai und Juni. Eben noch war alles ruhig und still, dann ist die Luft erfüllt vom Summen und Brummen der Honigbienen. Sie schwirren herum und umflattern die Zweige wie Herbstblätter im Sturm. Hunderte der Nektarliebhaber sind auf den Flügeln.

Es ist Schwarmzeit. Ein Teil des Bienenvolkes hat sich mit der Königin auf den Weg zu neuen Ufern gemacht. Mein Vater flüchtet ins Haus. Er reagiert allergisch auf ihr Gift. Wir Kinder halten Abstand und beobachten das Geschehen voller Spannung. Meine Mutter alarmiert unseren Nachbarn, der die Tiere betreut. Er wohnt gleich um die Ecke, zwei Gärten weiter. Wir haben die Bienenhütte von unserem Grundstück aus gut im Blick.

Ein Großteil der Honigbienen hat sich am Ast eines Kirschbaums zusammengerottet. Dort sitzen sie dicht an dicht, unter- und übereinander, als wäre ihr Ziel die Performance eines Kunstwerks aus Insektenkörpern. Eine Live-Vorstellung, explizit für uns. Von Weitem erinnert die Skulptur an eine überreife Riesenweintraube, die goldbraun und schlaff vom Stock herabhängt. Schließlich kommt der Imker um die Ecke, in voller Montur: ein Ganzkörperanzug in Weiß, dazu der Helm mit Schutzschleier, Lederhandschuhe und festes Schuhwerk. Besen, Eimer und Holzkiste nebst Deckel vervollständigen die Ausrüstung. In seinem Mundwinkel sitzt eine Pfeife.

Auf der Leiter geht es nach oben. Zum Glück hat sich das Wandervolk an einen der unteren Zweige gehängt. Jetzt fegt der Bienenvater die Traube vorsichtig und bedacht in den Eimer; unten angekommen, lässt er die Tiere in den Kasten gleiten und verschließt ihn bis auf einen Spalt mit dem Brett.

Über Nacht bleibt der Bienenreisekoffer an Ort und Stelle. Nach und nach trudeln sämtliche noch umherirrenden Tiere ein. Sie schlüpfen durch die Ritze ins Innere zu ihrer Königin und den Artgenossen. Am Folgemorgen ist der Spuk vorbei. Über der Wiese summt vereinzelt noch hier und da eine Honigsammlerin. Der Alltag ist zurückgekehrt und mein Vater wagt sich wieder nach draußen. Unser Imker holt sein Völkchen ab und bringt es nach Hause in den Heimatstall.

*Imker beim Einsammeln eines Bienenvolkes*

# Honigbienen

Honigbienen können nur im Sozialverband mit ihren Artgenossen überleben. Sie legen Vorräte für die kalte Jahreszeit an – Honig und Pollen – und überwintern als Volk von rund zwanzigtausend Individuen. Die Gemeinschaft besteht aus einer Königin, Arbeiterinnen und Drohnen, den männlichen Bienen. Bei uns heimisch ist die Westliche Honigbiene, welche gleichzeitig weltweit die größte wirtschaftliche Bedeutung für die Imkerei hat und zu den wichtigsten Nutztieren gehört. Daneben gibt es weitere sieben bis zwölf Arten und zahlreiche Unterarten. Die Einstufung als Art oder Unterart wird unter Wissenschaftlern diskutiert und hängt von der jeweiligen Auffassung ab. Das natürliche Verbreitungsgebiet der Westlichen Honigbiene umfasste Europa, Afrika und den Nahen Osten. Der Mensch hat sie mittlerweile in alle Erdteile verschleppt und eine Reihe von Unterarten für die Bienenhaltung gezüchtet, die gemeinhin als Rassen bezeichnet werden.

Das Gewand der Westlichen Honigbiene ist überwiegend bräunlich mit beigefarbenen Streifen. Am größten sind Königinnen mit fünfzehn bis achtzehn Millimeter Körperlänge, ihnen folgen die Drohnen. Deren Gestalt wirkt plump und gedrungen. Am kleinsten kommen die Arbeiterinnen mit ihren rund zwölf Millimetern daher.

Die Weibchen besitzen im Unterschied zu den Männchen einen Giftstachel. Dieser ist bei der Königin klein und glatt. Er wird im Kampf um die Rolle der Vorherrschaft im Bienenstock zur Tötung von Rivalinnen eingesetzt. Die Siegerin überlebt, kann sich paaren und vermehren. Jener der Arbeiterinnen ist vergleichsweise groß und voll ausgebildet. Er hat Widerhaken und bleibt im Falle seines Einsatzes beim Menschen oder anderen Wirbeltieren im Opfer stecken. Dabei löst sich der Stechapparat samt Giftblase vom Körper der Honigbiene und hinterlässt eine tödliche Wunde. Hauptsächlich dient die Waffe der Verteidigung gegen andere Insekten. Aus den starren Chitinpanzern können die Angreiferinnen ihren Stachel problemlos wieder herausziehen. Honigbienen stechen normalerweise ausschließlich dann zu, wenn sie sich, ihre Brut oder ihre Nahrungsdepots bedroht sehen.

## Waldimker und Klotzbeuten

Ursprünglich war die Westliche Honigbiene ein reiner Waldbewohner, der seine Nester in Baumhöhlen, Felsspalten oder Erdlöchern anlegte. Dort waren ihre Produkte seit jeher von Honigjägern auf zwei oder vier Beinen begehrt. Eine Höhlenmalerei aus den Coves de l'Aranya in der Provinz Valencia im Osten Spaniens belegt, dass Menschen bereits vor acht- bis zwölftausend Jahren Bienenvölker ausbeuteten. Die Zeichnung bildet eine Person auf einem Baum ab, die von Bienen umschwirrt wird. In einer Hand hält sie ein Sammelgefäß, die andere steckt in einer Aushöhlung des Baumes. Die Darstellung gilt als frühester bekannter Nachweis.

Die organisierte Bienenhaltung begann vor ungefähr siebentausend Jahren, indem den Tieren Behausungen aus Ton oder anderen Materialien angeboten wurden. Dies machte die Suche nach Nestern im Wald überflüssig, erleichterte die Ernte und steigerte den Ertrag. In Kontinentaleuropa entwickelte sich im Mittelalter die Waldimkerei oder Zeidlerei, das gewerbsmäßige Sammeln von Honig und Wachs aus wilden oder halbwilden Honigbienenvölkern.

Die Waldimkerei richtete sich weitgehend nach der natürlichen Lebensweise der Honigbienen. Die Zeidler legten Nistplätze für die Völker an, um diese zu vermehren; wiederum mit dem Ziel der Ernteerleichterung und Ertragssteigerung der wertvollen Rohstoffe. Zeitraubende und anstrengende Märsche durch die Landschaft konnten auf diese Weise erheblich reduziert werden. Sie kletterten an einem Seil nach oben und hackten wie die Spechte Löcher in Bäume –

*Westliche Honigbienen*

möglichst hoch außerhalb der Reichweite von Braunbären und anderen Räubern. Davor befestigten sie ein Brett mit Flugöffnung. Später konnte es entfernt werden, um das flüssige Gold zu entnehmen. Schwärmende Honigbienen besiedelten die Wohnungen entweder eigenständig oder wurden hineingesetzt.

Weiterhin war die Arbeit im Wald mühsam und mit Gefahren wie dem Absturz beim ungesicherten Klettern verbunden. Deshalb sägten Waldimker Stämme mit besetzten Naturhöhlen ab und brachten sie an Standorte, die günstiger lagen und leichter beerntet werden konnten. Ferner wurden Klotzbeuten als transportable Bienendomizile hergestellt – als „Beute" wird die Leerwohnung bezeichnet. Sobald dort Honigbienen einziehen und es sich gemütlich einrichten, wird die Bienenbeute zum Bienenstock.

Klotzbeuten sind Baumstämme, die ausgehöhlt, mit Fluglöchern versehen und meistens senkrecht aufgestellt werden. Querhölzer im Inneren erleichtern den Arbeiterinnen das Anlegen ihrer Wachsbauten. Obendrauf kommt ein Deckel. Durch die Kopföffnung können die Waben entnommen werden, ohne das Brutnest zu zerstören.

Im Naturreservat Шульган-Таш (Schulgan-Tasch) im Uralgebirge in der Republik Baschkortostan in Russland hat diese Tradition bis heute überlebt. Seit 2014 gibt es Initiativen, das Handwerk der Zeidlerei, ausgehend von Russland und Polen, auch bei uns neu zu beleben. Dahinter steht das Bemühen um eine ökologisch verantwortungsbewusste Imkerei, da die Kunstbaumhöhlen den natürlichen Lebensbedingungen der Honigbienen am ehesten entsprechen und darüber hinaus die Artenvielfalt der Wälder positiv beeinflussen. Außerdem erhoffen sich die Imker Vorteile für die Bienengesundheit einschließlich einer höheren Widerstandsfähigkeit gegen die Varroa-Milbe, den weltweit bedeutsamsten Bienenparasit. Im Jahr 2020 erkannte die UNESCO die Zeidlerei in Polen und Belarus als Immaterielles Kulturerbe der Menschheit an.

## *Lüneburger Stülper*

Sommerblüte. Lila, so weit das Auge reicht. Wir unternehmen eine Wanderung auf den Spuren von Hermann Löns. Im Hintergrund grasen Schafe mit schwarzen Köpfen und gebogenen Hörnern. Ihr Fell schimmert silberfarben oder aschgrau. Heidschnucken, die Landschaftspfleger der Lüneburger Heide. Dort, wo sie an den Trieben knabbern, gedeiht die Besenheide dicht und blüht üppig. Mir gefällt die Idee, das Wort „Schnucke" komme vom Hessischen „schnucken" für naschen oder sei eine Ableitung von „schnökern" – so hieß bei uns Kindern des hannoverschen Umlands das Schnabulieren von Süßigkeiten. An Süßem naschen die Wiederkäuer gerne, denn nebenbei landet beim Weiden auch die Konkurrenzflora der Heidekrautgewächse in ihren Mägen: Süßgräser und allerlei sonstige zarte Spitzen, die in den Lücken zwischen dem Violett sprießen. Lediglich stachelige Zeitgenossen wie Wachholder, Schlehen oder Ginster werden verschmäht und können zu voller Größe auswachsen.

Tatsächlich scheint die Bezeichnung „Schnucke" wohl eher eine Anspielung auf das Blöken zu sein, ein fortwährendes Meckern, das gelegentlich an Schluchzen erinnert. „Snukken" bedeutete im Niedersächsischen und Bremischen schluchzen im Sinne von herzerbärmlich weinen: „he wenet, dat he snukket" = er weinet, dass er schluchzet. Für beständiges Brummen, Beschweren und Meckern gab es das Verb „nuckern".

Wohin ich mich auch wende, das Summen der Bienen ist allgegenwärtig. Seit Jahrhunderten gelten die Flächen als bedeutsame Bienenweiden. Hier etablierte sich die Korbimkerei, die bis ins neunzehnte Jahrhundert intensiv betrieben wurde. Bienenvölker wurden in Körben aus Stroh gehalten und zum Schutz vor Niederschlägen nebeneinander in Unterständen – den Bienenzäunen – aufgestellt. Unter dem Namen „Lüneburger Stülper" entwickelten sich die Strohbeuten zum Symbol der Imkerei in Europa. Heutzutage existieren nur noch wenige Heideimkereien, deren Bienenvölker in solchen historischen Behausungen leben. Stattdessen treffen wir überall auf Bienenstände mit modernen Magazin-Beuten aus übereinander gestapelten Kisten, so wie ich sie von unserem Nachbarn kenne. Im Inneren hängen Holzrähmchen, in denen die Honigbienen ihre Waben aus sechseckigen Zellen anlegen.

## *Im Bienenstock*

Die Waben dienen als Speisekammer für Honig und Pollen sowie als Kinderzimmer. Vom Ei bis zur Imago verbringt der Nachwuchs hier seine Zeit. Im Laufe ihres Lebens üben Bienenarbeiterinnen verschiedene Berufe aus. Die Frischgeschlüpften sind die Putzfrauen des Staates und für das Reinigen der Zellen zuständig. Später kümmern sie sich als Ammenbienen um die Brut. Im Anschluss daran stehen zunächst die Arbeit auf der Wabenbaustelle und dann die Bewachung des Bienenstocks an. Mit rund zweiundzwanzig Tagen ist die Arbeiterin volljährig. Jetzt umfasst ihr Tätigkeitsbereich das Auskundschaften von Nahrungsquellen sowie das Sammeln von Nektar und Pollen. Kommuniziert wird per Rund- oder Schwänzeltanz. Dabei handelt es sich um festgelegte Bewegungsabläufe, die den Artgenossinnen den Fundort eines reich gedeckten Tisches anzeigen.

Die Lebenszeit einer Sommerarbeiterin beträgt ungefähr fünf Wochen. Die im Herbst geborenen Arbeiterinnen leben bis zu neun Monate. Sie überwintern gemeinsam mit der Königin, die ihrerseits mehrere Jahre alt werden kann und für das Eierlegen zuständig ist. Pro Sommertag legt das Oberhaupt des Bienenvolkes bis zu zweitausend Eier. Drohnen schlüpfen aus unbefruchteten Eiern und sterben nach der Paarung.

Das Material für die Waben ist Bienenwachs. Es wird aus den Wachsdrüsen an der Bauchseite der Arbeiterinnen in Form von hauchdünnen Schuppen ausgeschwitzt und erstarrt an der Luft. Die Honigbienen nutzen sodann ihre Mundwerkzeuge zum Bearbeiten und Verbauen des Rohstoffs. Drohnenzellen sind größer als Arbeiterinnenzellen. Am größten sind die Weiselzellen zur Schaffung einer Königin. Sie werden frei auf den Waben gebaut und weisen mit der Öffnung nach unten. Ihr Aussehen erinnert oftmals an ein Töpfchen.

## *Scheibenhonig*

„Scheibenhonig!“ kenne ich als Ausruf meiner Großmutter für ein Missgeschick oder als Verwünschung – und als Geschenk unseres Nachbarn. Welche Freude, wenn es wieder einmal soweit war: Honigernte! In meiner Erinnerung war dieser erste frische Honig der beste des Jahres; Wachs an den Zähnen inklusive. Genüsslich lutschten wir die Waben aus, die Gesichter verzückt. Noch heute habe ich den Teller mit den triefenden Honigwaben, unsere klebrigen Finger und die verschmierten Münder vor Augen.

Waben- oder Scheibenhonig ist Honig in seiner ursprünglichsten Form und gilt als Delikatesse. Gemeint ist Honig, der sich noch in den verdeckelten Waben befindet und dem Bienenstock im Ganzen entnommen wird. Naturbelassen und unverarbeitet. Er wird mit Haut und Haaren verzehrt, denn das Naturprodukt Bienenwachs kann bedenkenlos mitgegessen werden. Streng genommen gilt als Scheibenhonig einzig der Heidehonig der Besenheide. Der Begriff Wabenhonig ist indessen übergeordnet und auf alle Sorten anwendbar. Demgegenüber steht Flüssighonig, der aus der Wabe geschleudert oder ausgepresst wurde.

## *Wildbienen*

Während ich am Schreibtisch sitze und arbeite, kommt unerwartet Besuch hereingeflogen. Schnurstracks und zielbewusst strebt eine Wildbiene meinem Holzregal zu, offenbar bekanntes Terrain. Nacheinander inspiziert sie die Löcher für die Befestigung der Regalbretter an den Seitenteilen, ver-

*Waben- oder Scheibenhonig, eine Delikatesse*

schwindet jeweils darin und kommt kurz darauf rückwärts wieder herausgekrochen. Womöglich eine Prüfung auf Eignung für die Eiablage? Vorsichtshalber schließe ich nach ihrer Kontrollrunde und dem Abflug ins Freie das Fenster.

Im Allgemeinen sind mit der Bezeichnung „Biene" die als Nutztier gehaltene Westliche Honigbiene oder andere honigproduzierende Arten gemeint. Alle anderen Bienenarten werden umgangssprachlich als Wildbienen bezeichnet. Rund fünfundneunzig Prozent leben als Einsiedler. Sozial leben neben den Honigbienen auch die Hummeln, die ebenfalls zur Gattung der Echten Bienen zählen. Hummelvölker überleben nur einen Sommer. Einzig die Jungköniginnen überwintern und gründen im Frühling neue Staaten. Je nach Art bestehen diese aus fünfzig bis sechshundert Individuen. Eine Minderheit sind Kuckucksbienen, die ihre Eier wie der Vogel in fremde Nester legen.

Die Mehrzahl der Solitärbienen brütet in Erdlöchern, andere nutzen Hohlräume in Mauern, Felswänden und Holz – bei Zugänglichkeit augenscheinlich auch in Möbeln. Sie sammeln Nektar und Pollen, lagern ihn in der Brutzelle ein, legen ein Ei darauf ab und verschließen die Kammer mit Lehm oder anderen Materialien. Nach dem Schlupf verspeist die Larve ihre Vorräte und entwickelt sich zur Imago.

## *Hausbesetzer*

Am Boden liegt gut verborgen ein Schneckenhaus. Es ist komplett mit Grashalmen und Tannennadeln bedeckt. Vielleicht die Niststätte einer Zweifarbigen Schneckenhaus-Mauerbiene? Vorsichtig drehe ich das Gewinde um und tatsächlich: Die Öffnung ist mit Pflanzenmörtel – ein Brei aus zerkauten Pflanzenteilchen und Speichel – verschlossen. Ein idealer Brutplatz, stabil und sicher. Es ist daher allzu verständlich, dass sieben Arten aus der Gruppe der Mauerbienen leere Schneckenpanzer als Niststätte wählen. Die Zweifarbige Schneckenhaus-Mauerbiene ist von diesen am bekanntesten und häufigsten. Sie kommt mit Ausnahme von Schleswig-Holstein deutschlandweit bis in zweitausend Meter Höhe auf Trockenrasenflächen, Brachen, an Waldrändern, Hecken und Böschungen vor, im Norden vereinzelt, im Süden flächendeckender.

*Zweifarbige Schneckenhaus-Mauerbiene*

Ab März bereitet das Weibchen die Kinderstube vor. Zunächst tarnt es die Außenwände mit grünlichem Pflanzenbrei, häuft im Inneren Proviant an und platziert das Ei, gewöhnlich eines pro Domizil. Sind es mehrere – ausnahmsweise bis zu sechs –, erhält jedes Geschwister eine eigene Brutzelle und das Schneckenhaus wird zur Mehrzimmerwohnung. Abschließend verfüllt die Mutter den Eingang mit Sandkörnchen, Erdkrumen oder Steinchen, setzt einen Deckel, dreht das Gehäuse mit der Öffnung nach unten und verhüllt es.

Der Nachwuchs schlüpft, entwickelt sich zur Imago und überwintert im Schutz seines Gemäuers. Erst im Folgefrühjahr tritt die junge Zweifarbige Schneckenhaus-Mauerbiene vor die Haustür und sorgt ihrerseits für Erben. Deswegen sind Areale, die naturbelassen sind und deren Streuschicht möglichst rund ums Jahr sich selbst überlassen bleibt, für das Überleben der Art obligatorisch. Behutsam lege ich das Häuschen mit seinem Bewohner zurück in sein Versteck.

## *Bienenjäger*

Feind und naher Verwandter der Bienen ist der Bienenwolf, ein Vertreter der Grabwespen und wie alle seine Verwandten ein Einzelgänger. Ab Mitte Juni können wir ihn auf warmen Sandflächen, Trockenheiden und Magerrasen oder an sonnigen Steilhängen bei der Nahrungssuche antreffen. Die Alttiere ernähren sich vegetarisch von Blütennektar, ganz im Gegensatz zu den Larven. Diese benötigen tierisches Protein. Ihr Lieblingsfutter ist mit Abstand die Westliche Honigbiene, selten kommen andere Bienenarten auf den Tisch.

Nur die Weibchen gehen auf Beutefang. Sie überrumpeln ihr Opfer beim Blütenbesuch. Blitzschnell wird es mit einem Stich des Giftstachels betäubt, mit den Beinen umklammert und fliegend zum Nest transportiert, eine Brutröhre im Sand. Die Wegzehrung für zukünftige Weibchen besteht aus drei bis sechs Bienen. Auf die letzte wird ein befruchtetes Ei gelegt. Aus unbefruchteten Eiern entstehen Männchen. Da diese weniger Nahrung für ihre Entwicklung benötigen, erhalten sie lediglich zwei oder drei Bienen als Proviant.

Bienenwölfe sind langgestreckt, schwarz-gelb gefärbt und besitzen einen großen Kopf mit dicken Fühlern, die üblicherweise bei der Fortbewegung in der Luft nach vorne ausgestreckt werden. Charakteristisch ist die dreizackige weiß-gelbe Gesichtszeichnung und ihr Schwirrflug, der an jenen der Hain-Schwebfliegen erinnert.

*Bienenwolf beim Eintragen eines Beutetieres in seine Brutröhre*

## Tarnweste

Bienenwolf oder Hain-Schwebfliege? Beide können in der Luft stehen wie Hubschrauber. Insbesondere Schwebfliegen sind für ihre Luftakrobatik bekannt und heißen daher auch Steh- oder Schwirrfliegen. Rückwärtsfliegen oder unvermittelte Richtungswechsel gehören ebenfalls zu ihrem Repertoire, und das bei bis zu dreihundert Flügelschlägen pro Sekunde. Da kann die Unterscheidung im grellen Licht der Mittagssonne und in Echtzeit statt dem Zeitlupentempo von Videoaufnahmen zur Herausforderung werden – mit anderen Worten: Täuschung geglückt!

Die Hain-Schwebfliege kommt in einer schwarz-gelben Tarnweste daher und baut auf die Verwechslung mit Wespen oder Grabwespen wie dem Bienenwolf, um sich vor Fressfeinden zu schützen. Sie selbst ist stachellos und somit völlig harmlos. Im Ruhezustand und direkten Vergleich fallen ihre

*Hainschwebfliege*

geringere Größe sowie die Färbungsunterschiede auf. Mimikry wird diese Strategie genannt, die unter den Schwebfliegen weit verbreitet ist. Sie ahmen Bienen, Hummeln oder Wespen nach und können leicht mit ihren wehrhaften Doppelgängern verwechselt werden.

## Geben und Nehmen

Ob Honigbiene, Wildbiene, Bienenwolf oder Hain-Schwebfliege, sie alle sind regelmäßige Besucher der Blüten auf unseren Sommerwiesen und nehmen als Bestäuber eine Schlüsselrolle in der Flora ein. Ihr Wert für den Erhalt und die Vielfalt unserer Ökosysteme ist unschätzbar. Myriaden von Pflanzen benötigen für die Entwicklung von Samen die Hilfe der Insekten. Sie haben ihr Überleben in deren Flügel gelegt. Ein Trick lockt die Insekten an: Nektar und Pollen, unwiderstehlich und begehrenswert.

Wie die Pflanzen haben auch die Tiere ausschließlich ihre eigenen Interessen im Sinn. Auf dem Programm steht der Nahrungserwerb für sich und den Nachwuchs. Das Ziel ist wiederum die Fortpflanzung und der Fortbestand als Art. Folglich lassen sie sich bereitwillig von dem Futterangebot verführen. Geben und Nehmen – Insekten und Pflanzen leben in Symbiose, einer wechselseitigen Abhängigkeit.

Das Hauptinteresse der meisten Insekten gilt dem zuckerhaltigen und süß duftenden Saft der Pflanzen, der schon den Göttern Unsterblichkeit verlieh. Beim Nektarsammeln bleiben Pollen an den Tieren haften, die dann zur Nachbarblüte befördert werden. Dort angekommen, heftet sich der Blütenstaub an die Narbe und bestäubt die Blüte.

Mit Farben und Düften locken Pflanzen die Minihelfer herbei, neben den Bienen und Grabwespen eine Vielzahl weiterer Arten. Aufgrund ihrer Menge zählen die Mitglieder aus der Verwandtschaft der Fliegen wie die Raupen-, Schmeiß-, Flor- oder Schwebfliegen zu den wichtigsten Bestäubern. Des Weiteren dienen ihnen Wespen, Ameisen, Schmetterlinge, Käfer, Wanzen sowie alle anderen Lebewesen, die Blüten besuchen. Das können auch Heuschrecken oder Spinnen sein.

*Sächsische Wespen an ihrem Nest*

# WESPEN – SOMMERGÄSTE MIT ZUCKERMÄULCHEN

KLAR UND ERFRISCHEND – das Wasser fühlt sich angenehm an. Mein heutiger Lieblingsplatz. Sobald ich die Füße wieder an Land setze, drückt mich die Hitze nieder wie ein Bleimantel. Die Luft ist stickig und schwül. Ein Tag wie geschaffen für eine Auszeit am Badesee. Stahlblau strahlt der Himmel über der Landschaft. Die Sonne behauptet ihre Position mit Bravour. Am Abend wird es hoffentlich ein Gewitter geben und uns die ersehnte Abkühlung schenken. Am Horizont erscheinen bereits erste Quellwolken. Zukunftsmusik!

Mittagszeit. Mein Magen knurrt und hat meine Schritte zu unserem Lagerplatz im Schatten unter den Bäumen gelenkt. Den Kindern scheint es ähnlich zu gehen. Sie haben bereits begonnen, das Picknick vorzubereiten und Leckereien auf der Decke auszubreiten: Brötchen, Honig, Erdbeermarmelade, Käsestückchen, Oliven, Cherry-Tomaten, Möhrenschnitze, Paprikastreifen, Apfelspalten und zum Nachtisch Pflaumenkuchen. Bunt und vielseitig wie die Liegewiese, auf der wir sitzen.

Um uns herum blühen mehrjährige Gänseblümchen, Weiß- und Rot-Klee, Horn-Sauerklee, Gemeiner Löwenzahn und Kriechender Hahnenfuß, Spitz- und Breit-Wegerich sowie die Kleine Braunelle. Eine Hummel taumelt über dem Farbenmeer und sammelt fleißig Nektar. Ihr Pelz ist bereits voller Pollenstaub. Richtung Wald steht das Gras höher. Hier dominiert das Dottergelb des Gemeinen Rainfarns. Unzählige Schmetterlinge, Fliegen und Bienen steuern seine Blütenknöpfchen an. Die Farbe Gelb zieht sie magisch an.

Kaum haben wir die ersten Bissen heruntergeschluckt, kommen ungebetene und ungeliebte Gäste im schwarz-gelben Frack an unseren Essenstisch. Sie lassen das Gemüse links liegen und stürzen sich ohne Umwege auf die Süßigkeiten: Honig, Fruchtmus und das Gebäck. Wir haben vorgesorgt und eine wassergefüllte Blumenspritze mitgebracht. Nach einer vergnüglichen

*Pflaumenkuchen zieht Deutsche Wespen im Spätsommer magisch an*

Wasserschlacht können wir unsere Mahlzeit gefahrlos genießen. Bei Regen suchen Wespen das Weite und bringen sich in Sicherheit, denn mit durchweichten Flügeln kommen sie wie alle anderen Fluginsekten leicht ins Straucheln. Je nach Körpergröße können die Tierchen von den Tropfen erschlagen oder zu Boden gedrückt werden. Zudem sind sie im nassen Zustand recht unbeweglich und eine leichte Beute für Vögel und andere Fressfeinde. Deswegen erscheinen sowohl Wespen, Bienen, Fliegen und Mücken als auch Schmetterlinge oder Libellen in der Regel nur bei Badesee- und Picknickwetter.

## Mitesser auf dem Pflaumenkuchen

Hunderte Wespenarten sind bei uns heimisch und ausschließlich zwei von ihnen naschen an unserem Pflaumenkuchen oder knabbern am Grillfleisch: die Gemeine Wespe und die Deutsche Wespe. Beide zählen zur Unterfamilie der Echten Wespen innerhalb der Familie der Faltenwespen, die allesamt sozial leben und Sommerstaaten bilden. Wie alle Wespen tragen sie ein schwarz-gelbes Warnkleid. Die Deutsche Wespe schmückt sich auf ihrer Stirnplatte mit ein bis drei schwarzen Punkten oder einer kleinen, oft unterbrochenen schwarzen Linie. Dahingegen besteht die Zeichnung der Gemeinen Wespe aus einem breiten schwarzen Strich. Dieser ist nach unten verdickt und erinnert an einen Anker oder Hammer.

Leckermäulchen – Das Futter der Alttiere besteht überwiegend aus Süßigkeiten: Blütennektar, Pollen, Fallobst und Pflanzensäfte. Mit Vorliebe bedienen sie sich darüber hinaus an unserer Marmelade, an Sirup, Zuckerguss, Fruchtsaft, Speiseeis und anderen menschlichen Lebensmitteln. Hauptsache süß! Die Larven brauchen für ihre Entwicklung tierisches Eiweiß. In der Zeit der Jungenaufzucht jagen Wespen daher Insekten oder unseren Schinken und die Bratwurst. Wer die Tiere gewähren lässt, kann ihre Nahrungsaufnahme exklusiv und von Nahem beobachten. Im Nullkommanichts sägen sie mit ihren Mundwerkzeugen einen Minihappen heraus. Geschickt und routiniert. Danach fliegen die Mundräuber gewöhnlich ab.

## *Kunst aus Papiermaché*

Im Gegensatz zu den Bienen gestalten Wespen ihre Waben aus einer Art Papiermaché: ein Brei aus zerkauten und eingespeichelten Holzfasern. Sowohl die Gemeine Wespe als auch die Deutsche Wespe legen ihre Nester in Schlupfwinkeln an, die dunkel und geschützt sind, häufig unterirdisch in Mauselöchern oder Maulwurfsbauten. In unseren Dörfern und Städten nutzen sie Dachstühle, Zwischendecken, Rollladenkästen, Nistkästen oder andere Hohlräume. Der Rohstoff der Gemeinen Wespe stammt von morschen Baumstämmen oder Ästen und verleiht ihrem Bau einen gelblichen bis beigefarbenen Ton. Das Nest der Deutschen Wespe schimmert gräulich. Sie nutzt oberflächlich verwittertes Holz von Zaunlatten oder Holzpfählen.

In unserer Weidenhecke haben wir nach dem Laubfall im Herbst ein Papierkunstwerk in der Größe eines länglich verformten Basketballs gefunden. Wie ein gestrandeter Luftballon hängt es leicht und stabil von den Zweigen herab. Seine Bewohner sind bereits über alle Berge. Vermutlich zog hier die Sächsische Wespe ihren Nachwuchs groß. Die Art ist häufig und kommt regelmäßig im Siedlungsbereich vor. Ihre oberirdischen Nester hängen in Bäumen oder Büschen, in oder an Gebäuden. Sie gilt als ausgesprochen friedfertig und bewahrt auch in der Nähe ihrer Kinderstube weitgehend Ruhe. Lediglich bei Störungen im unmittelbaren Nestbereich erwacht ihr Kampfgeist. Die Ernährung besteht aus Pflanzensäften, Blütennektar und Honigtau. Unser Zuckerwerk wird indessen ignoriert und bleibt unangetastet.

Ähnlich ernährt sich auch die Hornisse, unsere größte Faltenwespe und gleichzeitig wie die Sächsische, die Deutsche und die Gemeine Wespe ein Familienmitglied der Echten Wespen. Sie erscheint allenfalls an der Kaffeetafel, um die dort schmausenden Verwandten als Futter für ihre Larven zu erbeuten. Für uns Menschen ist ihr Auftauchen daher sogar wünschenswert. Welches Mittel könnte wirksamer sein, als der natürliche Feind der Kuchenmitesser?

Zum Milchreis gehört Apfelmus und heute steht das Lieblingsessen meiner Kinder auf dem Programm. Den Korb unterm Arm begebe ich mich nach draußen, die Augen nach unten gerichtet und jeden Schritt mit Bedacht setzend. Sobald Früchte reifen und von den Bäumen fallen, wird das Barfußlaufen auf Obstwiesen zum Spießrutenlauf. Unmengen von Wespen finden sich ein und selbst die friedfertigsten stechen zu, wenn sie gequetscht oder bedrängt werden.

Gelegentlich lassen sich auch Hornissen am Fallobst nieder, um das Fruchtfleisch zu verputzen. Schon von Weitem sehe ich eine solche Riesin auf einem Apfel am Boden sitzen und halte Abstand. Ihre Mächtigkeit verschafft mir Respekt. Tatsächlich gelten die Tiere als eher scheu und suchen im Zweifelsfall lieber das Weite; lediglich wer ihrem Nest zu nahe kommt oder sie anderweitig unter Druck setzt, könnte gestochen werden. Die Stiche sind vergleichbar mit denen anderer Wespenarten.

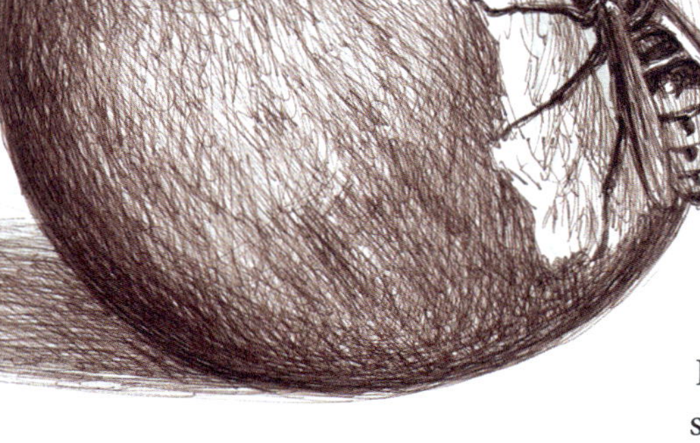

*Hornisse*

Der Unterschied zu ihren Verwandten ist imposant. Die Körpergröße einer Hornissenkönigin schwankt zwischen dreiundzwanzig und fünfunddreißig Millimetern. Arbeiterinnen werden bis zu fünfundzwanzig Millimeter lang, doppelt so groß wie die Arbeiterinnen der Gemeinen und der Sächsischen Wespe mit ihren elf bis vierzehn Millimetern. Die Deutsche Wespe ist nur unwesentlich länger und selbst die Königinnen der drei sind immer noch kleiner als die Hornissenarbeiterinnen. Glücklicherweise gibt es ausreichend Falläpfel für alle. Die Wespen konzentrieren sich auf die bereits stärker verfaulten oder angeknabberten Exemplare, ich sammele die äußerlich intakten und so wird mein Korb am Ende voll.

Hornissen legen ihre Nester normalerweise im Verborgenen in Hohlräumen und selten freihängend an. Wird es ihnen zu eng, ziehen sie um oder bilden Filialen in Form von Nebennestern. Dann kann unvermittelt von heute auf morgen ein Hornissenvolk auftauchen und sich häuslich bei uns einrichten, sehr zum Nachteil der anderen Wespenarten – und zum Vorteil der Menschen! Hornissen sind Wespenfeinschmecker und verhelfen uns zu einem wespenfreien Grillabend. Die Larven des Ursprungsnestes werden weiterhin versorgt, bis der Nachwuchs schließlich ausgewachsen ist und die Wohnung verlässt. Fortan steht diese leer und verwittert mit der Zeit.

## Streuobstwiese

Apfel, Birne, Pflaume, Mirabelle, Kirsche, Walnuss – eine Ansammlung von Obstbäumen unterschiedlichen Alters und verschiedener Sorten steht verstreut auf der Wiese, häufig regionale und historische Varietäten. Diese sind robust und widerstandfähig. Alle haben ausreichend Platz zum Wachsen und dürfen ihre Kronen ausbreiten. Es sind typischerweise Hochstämme, deren unterste Äste ich mit meinen ein Meter und zweiundsechzig gerade mit dem Scheitel berühre oder mit den Händen umfasse. Die Grünflächen unter den Wipfeln werden extensiv bewirtschaftet und als Weide oder Mähwiese genutzt, so dass sich eine artenreiche Flora und Fauna entwickeln kann. Viele anderswo seltene Tiere und Pflanzen sind hier zu Hause.

Diese traditionelle Form des Obstanbaus war früher landschaftsprägend und weit verbreitet – bis die Intensivierung der Landwirtschaft, Siedlungserweiterungen und andere Baumaßnahmen vielerorts zu ihrem Verschwinden führten. Heute zählen Streuobstwiesen zu unseren am stärksten gefährdeten Biotopen und mit ihnen deren Bewohner.

*Streuobstwiese*

Für Hornissen sind sie der Garten Eden, denn hier gibt es Nahrung in Hülle und Fülle: Blütennektar, Pollen, Baumsaft, Honigtau und später im Jahr Früchte für die Erwachsenen sowie tierische Proteine für die Kinderschar. Knorrige Bäume bieten Schlupfwinkel und Höhlen für die Nester. Wo solche fehlen, können wir die Insektenjäger mit Nistkästen anlocken. Tagtäglich erbeutet ein Hornissenvolk Myriaden von Fliegen, Mücken, Wespen, Raupen, Käfern und anderen Insekten. Damit leistet es einen wichtigen Beitrag zum biologischen Gleichgewicht und verhindert das Überhandnehmen von Arten, die als Schädlinge gelten und die Pflanzen schwächen könnten.

## *Töpferware*

Die Mehrzahl unserer Wespenarten lebt solitär und baut Einzelnester für Einzelkinder, so wie die Behaarte Töpferwespe. Sie ist eine Meisterin im Gestalten ihrer Brutzelle. An einem Pflanzenstängel am Rand der Wiese entdecke ich ihr Töpfchen, welches der Gattung der Töpferwespen ihren

Namen gab. Es besteht aus einem Lehm-Sand-Wassergemisch und erinnert an Keramik aus Menschenhand: eine Amphore mit kragenförmiger Öffnung im Miniformat. Manchmal können wir die Nester auch auf Steinen, Mauern, Zaunlatten oder Holzwänden finden. Im Inneren ist Platz für bis zu zehn Beutetiere, die mit einem Stich paralysiert werden und dem Nachwuchs als Vorrat dienen. Auf der Jagdliste stehen hauptsächlich Spannerraupen und Rüsselkäferlarven. Jedes Tongefäß beherbergt nur ein einziges Ei, welches grundsätzlich vor dem Eintrag des Proviants hineingelegt wird.

Eine Wespentaille, wie sie im Buche steht – Töpferwespen haben einen auffälligen Körperbau mit zartgliedriger Mitte: Das erste Segment ihres Hinterleibs ist dünn und stielförmig, das zweite breit und kugelig. Es sieht aus, als wären Vorder- und Hinterkörper mit einem Faden verbunden. Beim Eierlegen kommt den Tieren diese Form zugute: Der Kragen der Tonvase ist knapp bemessen. Lediglich der Hinterleib passt hindurch. Dank seiner Beweglichkeit reicht er tief hinein und die Wespenmutter kann ihr Ei erfolgreich mit einem Seidenfaden an der Deckeninnenseite befestigen. Die Behaarte Töpferwespe bewohnt vor allem Heidegebiete, Magerwiesen, Sandgruben und Waldränder. Sie ist weit verbreitet und fliegt von Mai bis September.

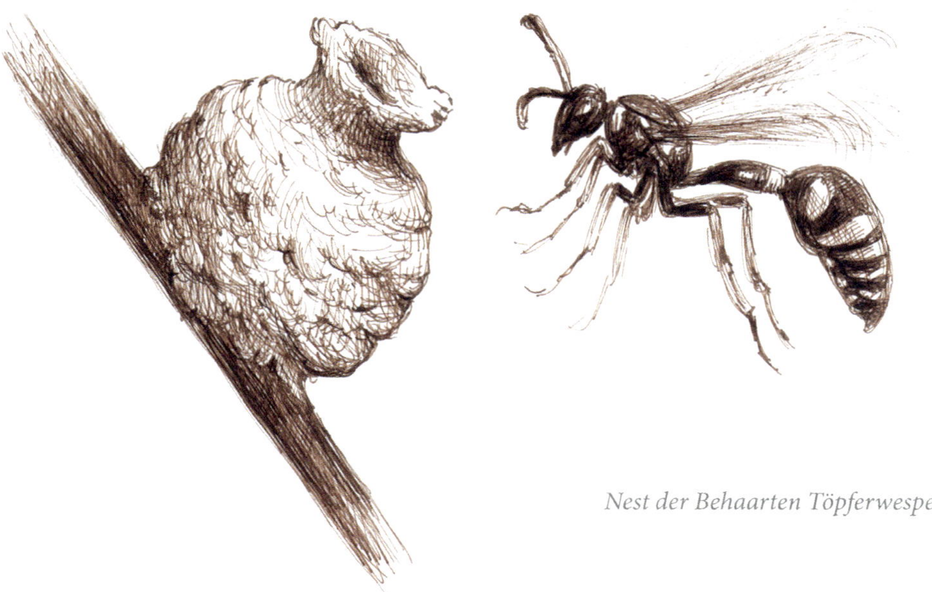

*Nest der Behaarten Töpferwespe*

*Mauereidechse*

# REPTILIEN – SONNENANBETER IM GRAS

**DIE SONNE IM RÜCKEN** geht es über Stock und Stein durch die Wiesenlandschaft am Waldrand entlang. Hinter uns liegt das Hochgebirge mit dem Wipfel, den wir im Morgengrauen bezwungen haben. Meine Füße sind müde und trotten dem Zeltplatz zu, freuen sich auf Wanderschuhfreiheit und Wasser. Unsere Schattenbilder gleichen Zwergen. Hier im Tal steht die Luft. Die Temperaturen sind mittsommerlich heiß und drückend.

Das Gras steht hoch. Es ist goldbraun und reif. Rund um uns herum ziept und zirpt es. Die Grillen sind in Hochstimmung und musizieren mit einer Inbrunst, als wollten sie uns auf den letzten Metern nochmals anspornen. Unser Pfad endet vor einem Mäuerchen und wendet sich nach links. Beim Einlenken lässt mich eine Bewegung aus den Augenwinkeln mitten im Schritt verharren. Eine Mauereidechse thront auf der Krone, eine frisch erbeutete Heuschrecke im Maul. Jetzt beginnt sie, ihre Mahlzeit zu zerlegen. Rasch rufe ich meine Kinder herbei und wir reihen uns andächtig um die Einfriedung. Fünf Augenpaare starren voller Neugier und Faszination auf das Geschehen. Ob sich das Tier beobachtet fühlt?

Zunächst beißt die Jägerin geschickt alle Beine ihres Opfers ab, eines nach dem anderen. Danach kommen die Flügel an die Reihe. Schließlich liegen alle Gliedmaßen fein säuberlich auf dem Fels verstreut. Essenszeit! Schnell noch den Heuschreckenkorpus in Stellung gerückt – und schwuppdiwupp ist der Brocken mit einem Happs im Rachen des Minidinosauriers verschwunden. Wohl bekomm's!

## *Trocken und schuppig*

Mauereidechsen zählen zu den Reptilien, einer Gruppe der Landwirbeltiere oder Tetrapoda. Die wissenschaftliche Bezeichnung stammt aus dem Altgriechischen und bedeutet Vierfüßler. Land, Wasser, Luft – im Laufe der

Evolution wurden alle Lebensräume erobert oder zurückerobert und der Körperbau passte sich den Notwendigkeiten an. Sowohl „Land"-Wirbeltiere als auch „Vier"-Füßler sind daher Namen, die sich auf den Ursprung der Entwicklung beziehen. Einige Tiere haben ihre vier Gliedmaßen teilweise oder vollständig zurückgebildet oder zu Flügeln oder Flossen umgebildet. Schlangen und Schleichen gehören zur ersten Kategorie, Vögel und Fledermäuse zur zweiten, Robben und Wale zur dritten.

Reptilien sind eine Gruppe von Tieren, die sich anatomisch ähneln. Sie besitzen einen Schwanz und schmücken sich mit einem Gewand aus Horn, das ihre trockene und fast drüsenlose Haut bedeckt; je nach Art in Form von Schuppen, Schilden oder Platten. Wie unsere Kleidung schützt es den Körper vor Klimaeinflüssen und dient der Tarnung, als Warn- oder Balztracht. Während wir uns mit Stoff wärmen oder trocken halten, verhindert die Hornrüstung der Reptilien vor allem den Flüssigkeitsverlust und damit die Austrocknung. Im Gegensatz zu uns sind sie wechselwarm. Ihre Körpertemperatur hängt von der Umgebungstemperatur ab und kann durch Verhalten wie ein Aufenthalt in der Sonne oder Rückzug in den Schatten beeinflusst werden.

Die Hornschuppen der Eidechsen, Schlangen und Blindschleichen überlappen sich. Ihre Anordnung erinnert ähnlich wie jene der Schmetterlings-Flügelschuppen an ein Ziegeldach. Bei jeder Bewegung blinken und blitzen die Farben wie ein Glitzerkleid aus Pailletten beim Tanz. Unsere Mauereidechse präsentiert sich in Festtagspracht: hell- bis mittelbraun, grau und grün mit einem schwarzen Fleckenmuster. An der Seite leuchten jeweils zwei helle Längsstreifen. In diesem Augenblick leckt sie sich mit der Zunge mehrfach über die Lippen, als wolle sie ihre Mahlzeit mit dieser Geste genüsslich abschließen, bevor sie im nächsten Moment in Regungslosigkeit verfällt und ein Sonnenbad nimmt. Siesta – Zeit für ein Mittagsschläfchen.

## *Ein Platz an der Sonne*

Eidechsen mögen es warm und trocken. Vier weitere Arten sind neben der Mauereidechse bei uns heimisch: die Waldeidechse, die Zauneidechse, die Westliche und die Östliche Smaragdeidechse. Ihr Lieblingsbiotop ist strukturreich und licht. Altgras, Totholz und Steine setzen Akzente. Es bietet sowohl Freiflächen zum Aufwärmen und Erreichen der Betriebstemperatur, Schutzwinkel für die Nacht und Schlechtwetterperioden oder Hitzewellen, frostfreie Winterquartiere, Ablageplätze für die Eier als auch ein Mindestmaß an Vegetation, um vor Fressfeinden in Deckung gehen und sich an Beutetiere anschleichen zu können.

Die Sonnenkinder besiedeln Waldränder und Lichtungen, Wegsäume und Feldraine, Bachufer und Flussauen mit Schotter- oder Sandbänken, Halbtrocken- und Magerrasen, Heiden und Brachflächen, extensiv genutzte Wiesen und Weinberge, Steinbrüche und Abbaugruben. Waldeidechsen sind die Wasserratten unter den Eidechsen. Sie leben auch in Mooren oder auf Feuchtwiesen und dringen in den Alpen bis auf dreitausend Meter Höhe vor. Smaragdeidechsen brauchen Gebüsche und Pflanzendickicht. Trockenmauern und Lesesteinhaufen zählen zu ihren Lieblingsplätzen.

Während die Zauneidechse und die Waldeidechse deutschlandweit vertreten sind, beschränken sich die Vorkommen der Östlichen und der Westlichen Smaragdeidechse auf Inseln im Osten, Südosten und Südwesten des Landes. Die Mauereidechse können wir vor allem in Rheinland-Pfalz und im Saarland aufspüren. Dort gibt es die bedeutendsten und individuenstärksten Populationen. Darüber hinaus bewohnt sie Gebiete in Baden-Württemberg, Nordrhein-Westfalen, Hessen und Bayern.

## *Frack in Neongrün*

Ein Frack in Neonfarben – Flanken, Kehle und Gesicht der Zauneidechsen-Männchen leuchten zur Paarungszeit smaragdgrün, so machen die Freier schon von Weitem auf sich aufmerksam. Der Grundton von Rücken und Schwanz ist individuell verschieden und reicht von Grau über Braun bis Rostrot. Manchmal erstreckt sich das Grün bis auf die Oberseite. Die Weibchen haben meistens graubraune Seiten und legen nur gelegentlich einen Hauch Grün auf. Ihr Bauch ist gelblich und schwarz gemustert. Ein Fleckenmuster in Schwarz und Weiß verteilt sich bei beiden Geschlechtern über den ganzen Körper. Im Juni oder Juli legen die Jungvermählten das Hochzeitskleid ab und kleiden sich weniger grell. Das Neongrün weicht einem Grasgrün oder Braun. Die Farbe der Unterseite verrät sie zeitlebens: Die Männer tragen im Unterschied zu den Damen zartgrün.

*Zauneidechse*

Unser Zelt steht auf einer Wiese am Bach. Dessen Bett ist von Felsbrocken übersät. Die Kinder machen sich einen Spaß daraus, von einem Stein zum nächsten zu hüpfen und auf diese Weise flussabwärts zu wandern. Die Beine lang ausgestreckt, die Zehen im Wasser, sitze ich am Ufer und ruhe mich im Schatten der Bäume aus. Meine Wanderschuhe dürfen lüften. Die Augen dösen. Das Gejauchze verblasst und verschwimmt zu Traumstimmen. Süßes Nichtstun. Hier im Zipfel des Tals sind wir von der Außenwelt abgeschieden und erfahren einmal wieder: Das Leben ist auch ohne Telefon und Internet spannend, tagsüber ebenso wie des Nachts; dann liegen wir nebeneinander auf dem Rücken im Gras und bestaunen den Sternenhimmel. Fernab der Städte mit ihrer Lichtverschmutzung herrscht hier die Finsternis der Wildnis und bringt unsere Milchstraße zum Funkeln. Der Sternschnuppenregen gleicht einem Feuerwerk – kaum ist ein Wunsch erdacht, verglüht schon der nächste Meteoroid in der Erdatmosphäre und hinterlässt seine Leuchtspur.

Ein Rascheln lässt mich aufblicken. Mehrere Zauneidechsen huschen querfeldein über die Kiesel. Offenbar fühlen sie sich sicher. In meiner Regungslosigkeit wurde ich wohl als harmlos eingestuft. Alle sind einfarbig braun mit kleinen hellen Tupfen an den Seiten. Der Nachwuchs gibt sich ein Stelldichein. Es sind Jungtiere, die hier auf der Jagd nach Fliegen, Heuschrecken, Tausendfüßlern, Zikaden, Käfern, Wanzen, Ameisen, Spinnen und anderer Lebendbeute sind. Im Gegensatz zu ihren Eltern sind sie noch bis September oder Oktober aktiv. Die Väter verabschieden sich häufig schon vor ihrer Geburt und suchen zwischen Ende Juli und Anfang August die Winterquartiere auf. Spätestens im September folgen ihnen die Mütter.

## *Aus dem Ei ins Leben*

Manche Reptilien bringen ihre Jungen lebend zur Welt. Sie sind eierlebendgebärend. Zu ihnen gehören die Kreuzotter, die Schlingnatter, die Aspisviper, die Westliche Blindschleiche und die Waldeidechse. Bei dieser Form der Fortpflanzung erfolgt die Embryonalentwicklung im Mutterleib, in dem die Eier ausgebrütet werden. Während der Tragzeit ernähren sich die Ungeborenen vom Eidotter und demnach autark vom Stoffwechsel der Mutter. Beim Geburtsvorgang oder unmittelbar danach schlüpfen die Kleinen aus ihren dünnhäutigen Eihüllen und sind ab sofort auf sich allein gestellt.

Zaun-, Mauer- und Smaragdeidechsen legen dagegen Eier. Diese werden vom Weibchen an offenen und sonnigen Plätzen im Sand vergraben. Mauereidechsen deponieren ihre Brut gelegentlich auch unter Steinen. Danach wird der Nachwuchs sich selbst überlassen. Die Entwicklungszeit hängt von der Umgebungstemperatur ab und dauert zwei bis drei Monate. Von unseren Schlangen zählen die Ringelnatter, die Barren-Ringelnatter, die Würfelnatter und die Äskulapnatter zu den Eierlegern.

Ringelnattern bedienen sich zum Ausbrüten ihrer Eier der Wärme, die durch Verrottung freigesetzt wird. Zur Auswahl stehen Mist-, Kompost-,

*Schlupfzeit bei Familie Ringelnatter*

Binsen- oder Schilfhaufen, vermodernde Baumstümpfe oder anderes organisches Material. Ein Weibchen legt zehn bis dreißig Eier ab. Geeignete Kinderstuben werden geteilt, so dass dort die Gelege zahlreicher Mütter unter einem Dach vereint sind, mitunter Hunderte oder gar Tausende von Einzeleiern.

## Schlangenvielfalt

Erst vor kurzem wurde die Barren-Ringelnatter als eigenständige Art von der Ringelnatter abgegrenzt. Sie kommt im Rheingebiet vor und stößt in Deutschland an die Ostgrenze ihrer Verbreitung. Mit ihr sind sieben Schlangenarten auf unseren Wiesen unterwegs. Beide Schwestern leben in der Nähe von Gewässern. Wir können sie auf Feucht- und Nasswiesen antreffen. Ihre Haut ist hell- bis dunkelgrau mit dunklen Flecken. Den Hinterkopf zieren zwei orangegelbe Male in der Form von Halbmonden. Diese sind bei der

Barren-Ringelnatter blasser. Schwarze Querstreifen in Barrenform entlang der Körperseiten gaben ihr den deutschen Namen. Ringelnatter-Weibchen erreichen Längen zwischen fünfundachtzig und einhundertfünfzig Zentimetern, selten auch mehr. Die Männchen sind mit rund fünfundsiebzig Zentimetern deutlich kleiner.

Fasziniert beobachte ich eine Schlange, die sich durch den Fluss schlängelt und dann in den Tauchgang geht, um sich gewandt und zügig zwischen den Felsbrocken nahe meiner Füße zu verbergen. Im Glitzern der Wellen ist sie hervorragend getarnt. Ab und an sehe ich ihren Kopf aus einer Lücke hervorlinsen. Wie die Ringelnatter kann auch die Würfelnatter sehr gut schwimmen. Sie ist noch enger mit dem Lebensraum Wasser verbunden und lauert oftmals stundenlang in der Flachzone auf Fische. Landgänge erfolgen zum Verschlingen großer Beutetiere, zum Sonnenbaden, zur Fortpflanzung und zur Überwinterung. Bei solchen Stippvisiten können wir die Wassernatter mit den quadratischen Flecken auf Trockenrasen oder Schotterbänken, in Weinbergen oder an Böschungen in Ufernähe aufstöbern; vorausgesetzt, wir befinden uns in ihrem Verbreitungsgebiet. In Deutschland ist die Fischliebhaberin sehr selten und vom Aussterben bedroht. Isolierte Bestände existieren an den Flüssen Mosel, Nahe und Lahn in Rheinland-Pfalz. In der Regel sind die Weibchen etwa einen Meter lang oder kürzer. Sehr alte Exemplare erreichen Größen bis zu einhundertfünfzig Zentimetern. Männchen bleiben kleiner, meistens um die achtzig Zentimeter lang.

Sehr selten und stark gefährdet ist auch die Äskulapnatter, das Wappentier der Ärzte und Apotheker. Die Mittelmeerart trifft bei uns an ihre nordwestliche Verbreitungsgrenze und kommt nur an einigen Stellen im Süden vor. Extensiv bewirtschaftete Streuobstwiesen und Wiesen zählen zu ihren Sommerlebensräumen. Sie kann mehr als zwei Meter lang werden und ist damit die größte Schlange Mitteleuropas. Die Durchschnittsgröße liegt zwischen einhundertvierzig und einhundertsechzig Zentimetern. Ihr Körper ist glattschuppig und schlank. Von hell bis dunkel – es gibt Individuen in allen Schattierungen, von Strohgelb über Graubraun und Olivgrün zu Anthrazit. Eine feine weiße Längsstrichelung gilt als Charakteristikum. Insbesondere Jungtiere weisen am Hinterkopf gelbliche Mondflecken auf und können zu Verwechslungen mit Ringelnattern führen.

Die Schlingnatter trägt den Zweitnamen Glattnatter. Sie ist klein und zierlich. Üblich ist eine Körperlänge von sechzig bis siebzig Zentimetern. Ihr Aussehen ähnelt der Kreuzotter: dunkle Flecken auf grauem, braunem, rotbraunem oder schwarzbraunem Grund. Ein Blick in die Augen und die Sache ist klar! Alle Nattern besitzen runde Pupillen und sind so von der Familie der Vipern oder Ottern mit ihren senkrecht geschlitzten Pupillen zu unterscheiden. Schlingnattern lassen sich in offenem bis halboffenem Gelände wie Heiden, Moorrändern, Lichtungen, Weinbergen, Streuobstwiesen oder Trockenrasen nieder.

## *Giftjägerinnen*

Giftig und stark gefährdet – mit der Kreuzotter und der Aspisviper tummeln sich auch zwei Schlangen in unserer Landschaft, die zum Töten ihrer Beute und zur Verteidigung Toxine einsetzen. Die Aspisviper ist bei uns extrem selten und kommt ausschließlich im Südschwarzwald vor. Dort bewohnt sie ausgedehnte Felsgebiete und Geröllhalden. Ihre Gewänder sind äußerst variabel. Zur Auswahl stehen Grau, Braun, Rotbraun, Ziegelrot, Orange oder Schwarz mit allen Abstufungen dazwischen und eine dunkle Musterung in unterschiedlicher Ausprägung. Typisch ist ihr dreieckiger Kopf mit aufgeworfener Spitze und kantiger Nasenform, der sich deutlich vom Körper absetzt.

Beide Arten sind annähernd gleich groß, im Mittel sechzig bis siebzig Zentimeter. Ein dunkles Zickzackband auf dem Rücken und der wenig markante Kopf verraten die Kreuzotter. Sie bevorzugt Biotope mit hoher Bodenfeuchtigkeit und starken Temperaturgegensätzen wie Moore, Heiden, Niederungen und lichte Wälder. In den Alpen können wir auf Geröllfeldern und Bergwiesen bis in dreitausend Meter Höhe mit ihr rechnen. Kreuzotterpopulationen gibt es sowohl im Süden als auch im Norden Deutschlands, in den Moor- und Heidegebieten der Norddeutschen Tiefebene, in den östlichen Mittelgebirgen, im Schwarzwald, auf der Schwäbischen Alb und im Alpenraum. Insgesamt ist sie selten und stark im Rückgang begriffen.

Kreuzottern sind scheu und ergreifen üblicherweise die Flucht, lange bevor wir sie bemerken. Bissunfälle erfolgen gewöhnlich nur dann, wenn sie getreten, angefasst oder anderweitig bedrängt werden. In der Mehrzahl der

*Schlingnatter (oben) und Kreuzotter*

Fälle gehen die Angriffe glimpflich aus, denn oftmals halten die Schlangen im Verteidigungsfall ihr Gift zurück oder injizieren lediglich eine geringe Menge. Das Sekret ist wertvoll und wird für die Jagd benötigt. Wurde kurz zuvor ein Beutetier überwältigt, sind die Giftspeicher mitunter sogar leer.

Kreuzottern ernähren sich hauptsächlich von Kleinsäugern, Eidechsen und Fröschen. Hier und da kommt ihnen auch ein Vogel zwischen die Kiefer. Haben die Lauerjäger ein Opfer erspäht, schlagen sie blitzschnell mit den Zähnen zu und injizieren ihr Gift. Es wirkt auf das Zentralnervensystem und greift den Blutkreislauf an. Die Folge sind unter anderem Lähmungen,

Betäubungen, Gewebeschädigungen, innere Blutungen, eine Hemmung der Blutgerinnung und die Zerstörung roter Blutkörperchen, schließlich tritt der Tod ein. Nach einer Attacke wird das sterbende Tier unter lebhaftem Züngeln verfolgt, ergriffen und im Ganzen verschlungen, meistens mit dem Kopf voraus. Für die Verdauung legt sich die Schlange in die Sonne, denn sie benötigt dafür mindestens dreißig Grad Körpertemperatur. Je nach Größe der Beute nimmt diese drei bis sechs Tage in Anspruch. Ihr Gift unterstützt den Prozess.

## *Weder blind noch Schlange*

„Eine Schlange!" – aufgeregt eilen alle herbei. Welche Art wird es wohl diesmal sein? Begegnungen mit lebenden Schlangen sind selten. Mir ist jedes Zusammentreffen gut im Gedächtnis geblieben. Höhepunkte mit Erinnerungswert, denn bei meinen unzähligen Aufenthalten im Grünen bekam ich nur hin und wieder einmal ein Exemplar zu Gesicht. Sogleich folgt die Ernüchterung. Wiederum hat eine Westliche Blindschleiche den Entdecker zum Narren gehalten. Die beinlosen Tiere mit dem langgestreckten und schlanken Körper werden regelmäßig verwechselt. Sie zählen zu unseren häufigsten Reptilien und sind flächendeckend verbreitet.

*Westliche Blindschleiche*

Ihr Kopf ist klein und setzt nahtlos am Körper an, ebenso wie der Schwanz. Gleich den Eidechsen können Blindschleichen diesen bei Gefahr an einer Sollbruchstelle abwerfen. Das zuckende Körperende lenkt Fressfeinde ab und sorgt auf diese Weise für einen Vorsprung zur Flucht. An dessen Stelle wächst ein Stummel nach, der oftmals schwarz gefärbt und höchstens zwei Zentimeter lang ist. Blindschleichen haben kleine Augen mit runden schwarzen Pupillen und einer kupferroten Iris, die im Gegensatz zu den Schlangen mit beweglichen Lidern versehen sind. Deren Augen werden indessen durch eine unbewegliche transparente Schuppe geschützt.

Der deutsche Name ist irreführend. Würde dieser sich auf die Sehkraft beziehen, wäre „Farbenblindschleiche" passend, denn die Tiere können sich durchaus optisch orientieren. Ihre Welt gleicht dem Schwarz-Weiß-Fernsehen meiner Kindheit. Vermutlich geht die Bezeichnung auf das Althochdeutsche „plint" für „blendend" zurück und beschreibt somit ihr Aussehen: Blinkend und blitzend kommen die „Plint"-Schleichen in ihrem Schuppenkleid daher und sehen darin schlichtweg blendend aus.

Ihre Lebensweise ist heimlich und versteckt. Am ehesten können wir sie beim Sonnenbaden auf einer Freifläche, auf Baumstümpfen oder Steinen finden – womöglich gleich bei uns um die Ecke, denn Westliche Blindschleichen besiedeln die unterschiedlichsten Biotope vom Wald über Hecken zu Wiesen und wagen sich auf Brachflächen, in Friedhöfe, Gärten oder Parkanlagen bis in unsere Großstädte vor; vorausgesetzt, es gibt ausreichend Deckung. Rund einen halben Meter messen Alttiere. Zwei Drittel davon entfallen auf den Schwanz, sofern dieser noch unberührt und im Originalzustand ist.

*Rotmilan*

# VÖGEL – DIE WELT VON OBEN

**MIT DEM RÜCKEN NACH UNTEN** liege ich inmitten von Gänseblümchen, Weiß-Klee und Löwenzahn, die Beine leicht angestellt, den Blick nach oben gerichtet. Traumverloren und tiefenentspannt. Das Panorama ist herrlich. Am Himmel geben sich Cumuluswolken ein Stelldichein und sorgen für Abwechslung. Im Zeitraffertempo schweben sie vorüber und inspirieren meine Fantasie. Wie üblich haben sich die Einschlafhelfer als erste am Firmament versammelt und sind zahlreich vertreten. Ein Schäfchen, zwei Schäfchen, drei Schäfchen, viele Schäfchen … immer wieder drängen sie sich in den Vordergrund und lassen mich ganz schläfrig werden. Verständlich, dass den Hirten auf den Schafweiden vergangener Zeiten beim allabendlichen Zählen ihrer Schützlinge die Augen irgendwann zufielen von dieser monotonen Tätigkeit. Schäfchenzählen macht müde! Hier liegt vermutlich auch der Ursprung dieses Hausmittels gegen Schlaflosigkeit.

Jetzt eilt der Hütehund herbei und treibt die Herde zusammen. Die Szenerie wandelt sich. Ein riesiger dreiköpfiger Drache mit aufgerissenem Maul und Zackenschwanz zerstört die Idylle. Meine Müdigkeit ist wie weggeblasen. Was wird als nächstes geschehen? Glücklicherweise erscheint wie aus dem Nichts ein Pfeil und peilt die Stelle an, wo das Herz des Fabeltieres verborgen liegt. Neugierig greife ich zum Fernglas.

## *Drachenflieger*

Die Flügel weit ausgebreitet und den Kopf Richtung Boden gesenkt, gaukelt ein Greifvogel im Suchflug über die Wiese. Leicht und lässig wie ein Papierdrachen im Wind. Seine Gestalt mit den langen, schmalen und deutlich gefingerten Schwingen wirkt elegant. Lebhaft dreht er den Schwanz hin und her. Dieser ist tief gegabelt und gibt seine Identität preis: ein Rotmilan! Er hält offensichtlich Ausschau nach Nahrung. Auf seiner Wunschliste stehen in erster Linie Feldmäuse, Maulwürfe oder andere Kleinsäuger. Reptilien, Vögel und Insekten sind ebenfalls willkommen.

Rotmilane zählen bei der Jagd auf den Überraschungseffekt. Systematisch patrouillieren sie in niedriger Höhe über den Flächen ihres Reviers. Kommt ihnen ein Opfer ins Visier, wird es im Vorbeiflug unvermittelt mit den Krallen ergriffen und zügig mitgenommen. Vögel und Insekten schnappen sie manchmal direkt aus der Luft. Mäusebussarde, Wanderfalken, Habichte, Rabenkrähen und andere Verwandte nehmen sich vor dem Räuber in Acht, denn dieser entreißt ihnen als Schmarotzer gerne den eigenen Fang.

Das Drachenherz scheint ihm gleichgültig zu sein. Mein Rotmilan setzt zum Landeanflug an und ist bald darauf zu Fuß unterwegs. Er schreitet zwischen den Gräsern und Halmen, um Kleintiere wie Regenwürmer oder Käfer zu sammeln. Sein Gefieder ist kontrastreich gefärbt. Der hellgraue Kopf hebt sich deutlich vom rotbraunen Körper ab. Justament kommt ein zweiter Vogel durchs Fernglasbild stolziert und leistet ihm Gesellschaft. Er ist deutlich kleiner und kleidet sich nussbraun mit einem hellen Brustband als Kontrast zum dunklen Bauch. Dieses Gewand verrät den Mäusebussard, unseren häufigsten Greifvogel und wie der Rotmilan eine Charakterart offener Landschaften.

## *Wahlfreiheit*

Mäusebussarde sind variabel gefärbt. Ihre Garderobe reicht von Cremefarben bis Kaffeebraun, immer mit schwarzen Fingerspitzen und einem hellen Latz. Regelmäßig hängen sie mit breit gefächertem Schwanz, schnell flatternden Flügeln und abwärts gebeugtem Kopf mitten in der Luft auf der Stelle, als würden sie von einem Marionettenfaden in der Schwebe gehalten. Rüttelflug wird diese Technik genannt, die außer ihm auch der Turmfalke und eine Reihe weiterer Arten bis zur Perfektion beherrschen. Eine Fähigkeit, die es den Vögeln ermöglicht, ihren Aussichtspunkt frei zu wählen und an jeder beliebigen Stelle zu jagen – über baumlosen Grünländereien und Äckern oder Gewässern ein Vorteil von unschätzbarem Wert.

Der Turmfalke heißt im Volksmund auch Rüttelfalke. Er ist deutlich kleiner und schlanker als ein Mäusebussard. Charakteristisch sind die helle, schwarz gebänderte Unterseite und eine schwarze Schwanzendbinde mit weißen Spitzen. Im Gegensatz zu den Weibchen mit ihrem Farbmuster in Braun und Beige staffieren sich die Männchen deutlich farbenfroher aus.

*Mäusebussard*

Sie prunken mit einer rostroten, schwärzlich gestrichelten Oberseite, die sowohl zu den dunklen Flügeln als auch zu dem Bleigrau von Kopf und Schwanz kontrastiert.

Landauf, landab sind Turmfalken auf der Suche nach Wühlmäusen, Echten Mäusen oder deren Spuren über Freiflächen unterwegs und rütteln mitunter minutenlang an einem Punkt, um den Boden genauestens zu inspizieren. Wie alle Vögel haben sie die Fähigkeit, UV-Licht zu sehen. Aufgrund dessen können Umschlagplätze und Lieblingsstellen der Kleinsäuger präzise geortet werden: Urin reflektiert Ultraviolettstrahlung.

Kommt ein Beutetier in Sicht, nimmt das Schicksal seinen Lauf. Urplötzlich lockert der Puppenspieler seinen Griff auf die Schnur und die Marionette – sei es Turmfalke oder Mäusebussard – stürzt im freien Fall nach unten, die Fänge griffbereit nach vorne gerichtet. Blitzschnell packt der Jäger sein Opfer und fliegt damit von dannen, um es zu verspeisen. Als Esstisch dient der Boden oder eine erhöhte Warte wie ein Pfosten.

## *Magnet Feldmaus*

Die Sonne verschwindet gerade am Horizont und überschwemmt die Gegend zum Abschied mit einem Farbenmeer in Orangerosa, als ein weiterer Rüttelflieger auf die Bildfläche tritt – die Sumpfohreule, ein sehr seltener und vom Aussterben bedrohter Brutvogel in Deutschland. Ihre Kost besteht aus Wühlmäusen mit der Feldmaus als Nummer eins auf der Speisekarte. Dementsprechend gilt: Mäusejahre sind Eulenjahre. Je größer die Population der Kleinsäuger, desto mehr Nachwuchs gibt es bei Familie Sumpfohreule.

Tief ausholende Flügelschläge und ein schaukelnder Flugstil sind ihre Markenzeichen. Üblicherweise gehen Sumpfohreulen ähnlich wie Rotmilane im Suchflug auf Beutefang oder nutzen eine Warte als Aussichtspunkt, vorwiegend in der Dämmerung am Morgen oder Abend und teilweise auch bei Tageslicht. Ihre Jagdgebiete sind baumlos und offen mit niedriger, deckungsreicher Vegetation. Bei uns brüten sie überwiegend in der Nähe von Feuchtgebieten, auf Sumpfwiesen oder in Mooren, auf Heideflächen und in Dünenlandschaften. Die Kinderstube liegt gut versteckt zwischen Grasbüscheln, Heidekraut oder anderen Pflanzen in einer Mulde am Boden.

Ab Ende August erscheinen die Siedler aus Skandinavien gemeinsam mit ihrem flüggen Nachwuchs als Durchzügler bei uns. Im Unterschied zu ihren Artgenossen aus schneefreien Wintergefilden verlassen viele der Nordlichter ihre Brutgebiete und wandern gen Süden oder Westen. Dann können wir die Eule mit den langen und schmalen Flügeln häufiger bei uns sichten, vor allem an den Küsten von Nord- und Ostsee.

Gebiete mit hohen Wühlmausbeständen wirken als Magnet. Wie wir Menschen schätzen auch Sumpfohreulen Rastplätze mit einem reichhaltigen Futterangebot und legen dort bevorzugt Halt ein. Manchmal verweilen

*Sumpfohreule*

sie über Wochen. Mit der Zeit versammeln sich immer mehr Tiere. Nachts bilden sich Schlafgemeinschaften in der Deckung am Boden, bei Schnee auch in Bäumen oder Büschen. Hin und wieder kommt es zu invasionsartigen Einflügen mit Dutzenden bis Hunderten der Mäuseliebhaber.

Manches Urlaubspaar entscheidet sich im Angesicht der Vollpension frei Haus zur Bleibe, um von dem reich gedeckten Tisch zu profitieren. Anstatt heimwärts nach Norden zu ziehen, gründen sie an Ort und Stelle eine Familie. Gewöhnlich lösen sich Winterverbände ab Februar bis März auf und die Vögel kehren zurück in ihre Brutgebiete.

## *Elegant und wendig*

Sie trägt die Wiese im Namen, denn Feucht- und Nasswiesen in gewässerreichen Niederungen oder breiten Flusstälern bilden neben Hoch-, Übergangs- und Niedermooren ihre Heimat – die Wiesenweihe, Sommervogel und Fernreisende. Bei uns pflanzen sie sich fort. Die Brutzeit dauert von Mai bis August. Ab Ende April und bis in den September hinein können wir mit ihr rechnen. Danach geht es gen Süden, der Sonne entgegen. Die Winterquartiere liegen südlich der Sahara.

Mittlerweile nistet die Wiesenweihe auch in Getreideäckern und versucht auf diese Weise, den Lebensraumverlust aufgrund der Trockenlegung ihrer Ursprungsbiotope auszugleichen – mit mäßigem Erfolg. Die Art ist in Deutschland selten und stark gefährdet. Die rund vierhundert Brutpaare verteilen sich fast ausschließlich auf Bayern, Schleswig-Holstein, Niedersachsen, Brandenburg, Mecklenburg-Vorpommern und Sachsen-Anhalt.

Mit einem Freund bin ich unterwegs in der Feldmark. Er hat Nester der Bodenbrüter kartiert und ihre Standorte den Landwirten mitgeteilt, damit diese den Nistbereich später bei der Mahd aussparen. Ein Zaun wurde gesetzt. Er dient als Markierung für die Mähdrescher und Bollwerk gegen Wildschweine, Füchse, Marder oder andere Feinde der Jungvögel. Dank dieser Maßnahmen können die Eltern ihre Kinderschar meistens erfolgreich großziehen.

Wir haben Glück und entdecken ein Pärchen über den Kornspitzen segeln. Die Geschlechter sind leicht zu unterscheiden. Wiesenweihen-Weibchen kleiden sich tarnfarben in Braun- und Beigetönen, um beim Brüten mit dem Hintergrund zu verschmelzen. Sichtschutz vor Angreifern aus der Luft! Im Flug sind ihre stark gebänderten Unterflügel sichtbar. Oberseits springt der weiße Schwanzansatz – der Bürzel – ins Auge. Die Männchen tragen einen überwiegend blaugrauen Rock mit breiten schwarzen Flügelspitzen sowie schwarzen und rostbraunen Querbinden auf der Unterseite. Ein schwarzes Band ziert die Oberseite. Wären diesjährige Jungvögel dabei, würden sie sich durch ein tiefes und kräftiges Rostrot auf Bauch und Brust zu erkennen geben.

Die ausgesprochen langen und schlanken Schwingen in Verbindung mit einer hin- und herschwenkenden Flugweise verleihen den Wiesenweihen Eleganz und Leichtigkeit. Typisch sind die in V-Form aufgerichteten Flügel. Häufig fliegen sie auf der Suche nach Beute flach über den Grasspitzen von Wiesen und Feldern. Spektakulär ist ihr Hochzeitstanz im Frühling. Gleich nach der Rückkehr aus Afrika beginnt die Balz. In großer Höhe stellt das Männchen seine Girlandenflüge zur Schau, entweder allein oder gemeinsam mit seiner Partnerin. Zunächst fliegen die Vögel schwungvoll nach oben, daraufhin lassen sie sich ein Stück weit fallen, bevor sie erneut in die Höhe steigen und wieder herabsinken. Ein Auf und Ab in Wellenform. Loopings und Sturzflüge, plötzliche Kehrtwendungen und wirbelnde Abwärtstrudel entlang unsichtbarer Schraubgewinde ergänzen die Vorstellung am Himmel.

Ein Stück weiter wird eine Wiese zur Heugewinnung gemäht. Ein Schwarm aus Mäusebussarden, Rotmilanen, Rabenkrähen, Lachmöwen, Staren und Hausspatzen tummelt sich auf dem kurz geschorenen Gras. Mehrere Weißstörche und ein Graureiher schreiten über die Fläche, die Augen suchend abwärtsgerichtet. Schließlich der Ehrengast: ein Schwarzstorch! Sie alle lauern auf Feldmäuse und andere Beutetiere, die von den Traktoren aufgeschreckt oder zu Tage befördert werden. Ab und an stößt einer der Stelzenvögel schlagartig nach unten und greift zu. Einmal erkenne ich deutlich eine Maus im Fernglasbild, ein anderes Mal ist ein Frosch zu sehen. Der Leckerbissen wird kurz im Schnabel zurechtgerückt, weich geknetet und anschließend im Ganzen mit dem Kopf voran heruntergewürgt. Ein Festmahl!

Weißstörche und Graureiher sind wenig wählerisch. Sie ernähren sich von Kleinsäugern wie Scher- und Feldmäusen oder Maulwürfen, Insekten, Würmern, Fischen, Amphibien, Reptilien, Krebstieren, Muscheln, Schne-

*Graureiher (links) und Weißstorch (rechts)*

cken und Vögeln, kurz gesagt: von allem, was ihnen in die Quere und unter den Schnabel kommt. Graureiher heißen im Volksmund auch Fischreiher, nach ihrer Lieblingsspeise. Weißstörche fressen bei Gelegenheit auch Eier oder Aas.

Graureiher bewohnen Gewässer aller Art. Auf Wiesen oder Feldern tauchen sie vor allem nach der Brutzeit und im Winter zur Nahrungssuche auf. Meister Adebar können wir dagegen den ganzen Sommer lang auf Feuchtwiesen und anderen extensiv genutzten Grünflächen bei der Jagd beobachten. Ab Mitte August ziehen Weißstörche aus dem Brutgebiet ab. Zunächst begibt sich der Nachwuchs auf die Fernreise nach Afrika, später folgen die Eltern. Vor dem Abzug versammeln sich die Wandervögel auf nahrungsreichen Flächen und fressen sich eine Fettschicht an.

Hin und wieder gesellen sich Schwarzstörche dazu. Die Waldbewohner sind bei uns nur lückenhaft verbreitet und selten. Ihre bevorzugten Jagdbiotope sind Waldbäche und Waldwiesen, Brüche und Moore. Dementsprechend fressen sie wie die Graureiher überwiegend Fische und andere Tiere, die im oder am Wasser leben.

## *Farbenpracht über der Wiese*

Amselgroß mit schmalem, spitzem und abwärts gebogenem Schnabel. Flügel in Dreiecksform und ein langer Schwanz mit Schwanzspießen. Ein Federkleid in Rostrot, Türkisblau, Zitronengelb, Cremeweiß und Smaragdgrün mit schwarzer Augenmaske. Schillernd und exotisch. Der Anblick eines Schwarms Bienenfresser über der Wiesenlandschaft in der Nähe einer Sandgrube lässt mein Herz höher schlagen. Wir sind nach Ostdeutschland gefahren, um die Paradiesvögel unserer heimischen Fauna ausgiebig zu bewundern.

„Prrüt – prrüt …“ – mit ihren weich rollenden Rufen machen die fliegenden Edelsteine auf sich aufmerksam. Sie sind auf der Jagd nach Fluginsekten wie Bienen, Wespen, Hummeln, Hornissen, Schmetterlingen, Libellen und Käfern. Sobald einer der Jäger sich ein Beutetier geschnappt hat, fliegt er damit auf einen kahlen Zweig und tötet sein Opfer durch kraftvolle Hiebe auf die Sitzwarte. Der Hinterleib giftiger Stechinsekten wird mit dem Schnabel auf die Unterlage gedrückt und gerieben, um die Giftdrüse zu entleeren.

*Bienenfresser*

Der Bienenfresser stammt aus dem Mittelmeerraum und gilt bei uns als Neubürger. Vor Beginn des zwanzigsten Jahrhunderts gab es ihn in bei uns nur vereinzelt. Inzwischen ist sein Bestand auf über zweitausend Brutpaare gestiegen, überwiegend in Sachsen-Anhalt entlang der Saale. Bedeutend sind auch die Bestände am Kaiserstuhl in Baden-Württemberg. Darüber hinaus gibt es kleinere Vorkommen in anderen Regionen. Den Winter verbringt er in Afrika.

Ein Vogel kommt selten allein – Bienenfresser leben ganzjährig gesellig. Sie gehen gemeinsam auf die Jagd, brüten in Kolonien und reisen in Scharen. Ihr Lebensraum ist bevorzugt sonnenreich und niederschlagsarm. Er gleicht einem Flickenteppich aus extensiv bewirtschaftetem Kulturland, Brachflächen, Trocken- und Halbtrockenrasen, Hochstaudenfluren, Weinbergen, Streuobstwiesen und Gewässern. Alles in allem Biotope, die Insekten anlocken und somit ihre Nahrungsgrundlage sichern. Sie brüten in bis zu zwei Meter langen Röhren, die eigenschnäbelig in Steilufer, Böschungen oder Abbruchkanten gegraben werden. Etwa zwei Wochen benötigt ein Paar bis zur Fertigstellung seiner Kinderstube. Je nach Beschaffenheit des Baugrunds können ihre Schnäbel infolge der Abnutzung danach mehrere Millimeter kürzer sein.

## Streuobstwiesen-Bewohner

Auf einer Streuobstwiese lassen wir uns nieder, um den Anblick der Bienenfresser in Ruhe zu genießen. Die Kinder klettern auf einen Apfelbaum, der seine Arme einladend und majestätisch in den Himmel streckt. Von dort oben ist die Aussicht besser. Das Laub der Hochstämme spendet uns Schatten und Kühle. Knorrige alte Kopfweiden säumen die Fläche. Ihre Kronen sehen buschig aus. Die Äste ragen in alle Himmelsrichtungen ab, als wären sie wie Haare nach dem Abziehen der Mütze im Winter elektrisch aufgeladen. Die Bäume mit ihren Ritzen, Spalten und Löchern sind wertvolle Bruthabitate für Höhlenbrüter wie Wiedehopfe, Steinkäuze oder Wendehälse.

Den Wiedehopf könnten wir am ehesten im Flug entdecken. Seine unstete und wellenförmige Flugweise mit den breit gerundeten Flügeln erinnert an einen Schmetterling, ebenso sein Aussehen. Das Gefieder in Schwarz-Weiß-Orangebraun ist bunt und farbenfroh gezeichnet. Nach der Landung scheint er vielfach wie vom Erdboden verschluckt. Im Spiel von Licht und Schatten dient ihm der kontrastreiche Rock als Tarnmantel. Seine Gestalt löst sich vor dem Hintergrund auf. Haben wir ihn schließlich wiedergefunden, zeigen sich seine Besonderheiten: die große Federhaube sowie der lange, dünne und gebogene Schnabel. Damit stochert er im weichen Untergrund, in Dung von Huftieren oder in Mauerspalten nach Insekten, Würmern und Schnecken. Der Kopfschmuck wird nur selten aufgerichtet – etwa beim Landen oder bei Erregung – und erinnert dann an einen Irokesenschnitt. Orange mit schwarzen Spitzen.

## Todesbote und Symbol der Weisheit

Aktuell liegen die Besiedelungsschwerpunkte des Wiedehopfes in Deutschland am Oberrhein und im Nordostdeutschen Tiefland. Uns bleibt er heute verborgen. Stattdessen haben die Kinder einen Steinkauz auf dem First einer Scheune erspäht, eine Eule von der Größe einer Amsel – vom Schwanzende bis zur Schnabelspitze gemessen. Sein breiter und rundlicher Kopf lässt ihn größer erscheinen; erst recht, wenn er so wie jetzt mit gesträubtem Gefieder und leicht geöffneten Flügeln ein Bad in der Sonne nimmt.

Seine Verbreitung ist lückenhaft und lokal. Nach starken Bestandsrückgängen ab Mitte des letzten Jahrhunderts ist die Entwicklung derzeit positiv. Dank milder Winter und Schutzmaßnahmen haben sich die Populationen in vielen Regionen erholt und sind weiter wachsend. Steinkäuze brüten vorzugsweise in Kopfweiden und jagen über kurzrasigen Flächen wie Wiesen oder Weiden. Sie sind sehr stimmfreudig und tragen ihren Reviergesang regelmäßig über Stunden vor, bisweilen auch tagsüber. Im Abstand von drei bis fünf Sekunden erklingt ein gedehntes, weiches und nasales „Uuuuuh“ oder „Guuuuuhk“. Auf Dauer wirkt die Monotonie ihrer Darbietung einschläfernd. Sein häufigster Ruf „kuwitt“ klingt wie die Aufforderung „Komm mit!“ und führte zu seinem Attribut als Todesbote. Gleichzeitig gelten Eulen als klug und weise. Mit ihren großen Augen und den langsamen Bewegungen wirken sie gelassen, versonnen und nachdenklich. Daher erhielt die Weisheitsgöttin Athene den Steinkauz als Symbol und jener den wissenschaftlichen Namen Athene noctua.

## *Schlangenimitator*

Während wir den Steinkauz leicht finden können, da er gerne frei sichtbar auf Zaunpfählen, Schornsteinen oder Dächern sitzt, verbirgt sich der Wendehals unseren Blicken. Er lebt zurückhaltend und scheu. Sein rindenfarben gemustertes Gefieder verschmilzt mit der Borke und vor Ameisenhaufen, seiner Hauptnahrungsquelle. Eine Speisekammer voller Larven, Puppen und Alttiere, die er mit seiner Klebzunge herauszieht wie ein Angler die Fische aus dem Wasser. Oftmals ist sein Balzgesang der erste und einzige Hinweis auf ihn. „Gjä-gjä-gjä-gjä …“ schallt es quäkend und klagend aus der Deckung. Zeitweise singt das Paar im Duett.

Der Wendehals zählt zur Familie der Spechte. Er lässt zimmern und bezieht die Leerwohnungen seiner Verwandten oder andere Hohlräume. Ist das Wunschdomizil bereits besetzt, werden die Eigentümer gnadenlos vertrieben. Bei Störungen am Brutplatz imitieren Vögel, die sich in die Enge getrieben fühlen, die Drohgebärde eine Schlange: Sie sträuben das Kopfgefieder, ziehen den Körper in die Länge, recken den Schnabel in Richtung der Bedrohung, wenden den Hals ausgestreckt nach allen Seiten, zischen und fauchen. Dieses Verhalten gab ihnen ihren deutschen Namen.

*Die Streuobstwiese – ein Paradies für Bienenfresser*

*Wachtel*

# WIESENBRÜTER – MEISTER IM VERSTECKSPIEL

GASSIRUNDE AM NACHMITTAG. Gemütlich schlendere ich neben meinem Vater durch die Feldmark. Die Erde dampft. Allmählich verzieht sich das Schwarzgrau der Gewitterwolken und weicht dem Azurblau des Julihimmels. Ein herrlicher Kontrast zum Weizen. Das Getreide steht kurz vor der Ernte und leuchtet strohgelb. Ausgedehnte Randstreifen und Brachflächen zwischen den Feldern, Wiesen und Weiden, der vollständig von Pflanzen zugewucherte Osterfeuerplatz des Dorfes sowie ein Dickicht aus Kopfbäumen, Büschen, Rankengewächsen, Hochstauden und Gräsern ziehen an uns vorüber. Abwechslungsreich und bunt.

Die Luft ist erfüllt von einem ganz speziellen Duft, dem Duft des Sommerregens. Ein Duft, den wir bei Hitze nach Dürreperioden schnuppern können. Ein Duft, der beim Aufprallen der Tropfen auf trockene Böden oder Vegetation entsteht. Ein Duft mit einem poetischen Namen: Petrichor, eine Zusammensetzung der altgriechischen Wörter πέτρα (pétrā) = Fels oder πέτρος (pétros) = Stein und ἰχώρ (īchṓr) = „Blut der Götter"; die dunkle oder schwarze Flüssigkeit, welche gemäß der griechischen Mythologie im Körper der Götter zirkuliert wie das Blut im Körper der Menschen und Tiere. Der Duft Petrichor, das Götterblut der Steine.

Dieser Duft, der so angenehm erdig-frisch riecht und so einzigartig markant ist. Er besteht aus dem Alkohol Geosmin, das Pflanzen bei Trockenheit absondern, um die Keimung von Samen zu verzögern. Es wird von Böden und Gesteinen aufgesaugt. Mikroorganismen, die hauptsächlich im Erdreich leben, produzieren ebenfalls Geosmin. Menschen reagieren hochsensibel auf seinen Geruch, den wir als den typischen Bodengeruch wahrnehmen. Unsere Nasen können ein einziges Geosminmolekül in zehn Millionen Luftmolekülen wahrnehmen. Es ist verantwortlich für den Geruch von Schimmelpilzen, gibt Roter Bete und manchen Weinen die erdige Note. In starker Ausprägung verweist das muffige Bouquet auf einen Fehler beim Ausbau des Weins.

Kommt Wasser mit ins Spiel, werden die Aromen freigesetzt. Sobald Regentropfen auf staubigen Boden treffen, schlagen sie winzige Luftbläschen auf. Diese Miniluftballons bergen die Geruchspartikel und platzen wie Seifenblasen rasch auf. Die Duftspuren aus dem Inneren verbreiten sich in der Luft. Schon ein schwacher Windzug oder leichte Verwirbelungen reichen aus, um die Landschaft flächendeckend zu parfümieren.

Am intensivsten riecht es bei leichtem Regen, der auf feinporigen und staubtrockenen Untergrund fällt, oder hoher Luftfeuchtigkeit unmittelbar vor der Himmelsdusche. Dann lösen sich aufgrund der winzigen Mengen an Flüssigkeit zahlreiche Geruchspartikelchen. Bei Starkregen werden die Oberflächen dagegen schnell durchnässt und die parfümgefüllten Luftbläschen von einer Wasserschicht überlagert – der Sommerregen-Duft bleibt aus.

## *Ruf aus der Deckung*

„Pick we-rick" – der Schlag eines Wachtel-Männchens erschallt laut und kennzeichnend aus der Vegetation. Dank des Mosaiks aus Getreidefeldern mit eingestreuten Wildnisflecken höre ich die Lautäußerungen unseres kleinsten Hühnervogels hier in der Gegend rund um mein Elternhaus öfter. Jedes Mal aufs Neue begeistert mich die dortige Gräser- und Blütenvielfalt mit ihrer Farbenprächtigkeit. Eine Kulturlandschaft, die Raum für die Ansprüche und Vorlieben der Wachtel lässt, Sand- und Sonnenbadeplätze inklusive. Die Charakterart weitgehend gehölzfreier Ackerfluren und Grünländereien ist in Deutschland fast flächendeckend verbreitet.

Wachteln sind unsere kleinsten Hühnervögel und die einzigen Zugvögel der Familie. Sie sind ein Stückchen größer als Hausspatzen mit kurzem Schwanz und rundlicher Gestalt. Ihr Aufenthalt bei uns beschränkt sich auf das Sommerhalbjahr, in der Regel zwischen Mai und November. Die Winterquartiere liegen in Afrika. Tatsächlich gesehen habe ich bisher nur eine Handvoll Exemplare, denn sie führen ein Leben im Verborgenen und wagen sich sehr selten aus der Deckung der Pflanzenwelt. Ebenda dient ihnen zudem ihr beigebraun gemustertes Gefieder ausgezeichnet als Tarnung. Stattdessen machen die Männchen weithin hörbar durch ihre Rufe auf sich aufmerksam, sowohl bei Tageslicht, in der Dämmerung oder im Dunkeln während der Brutperiode als auch auf dem nächtlichen Zug im Frühjahr und Herbst. Dann fällt ihre Tonfolge bei einem Abendspaziergang bisweilen von oben aus dem Himmel auf uns herab wie die schweren Regentropfen eines Sommergewitters.

Bei Gefahr lautet ihre Devise: „Auf und davon!“ Heimlich, still und leise – und zügig. Alternativ drücken sich die Bodenbewohner flach auf den Untergrund, bevorzugt an Stellen ohne Bewuchs. Äußert ungern fliegen sie tagsüber auf und legen auch dann lediglich kurze Strecken im Niedrigflug zurück.

Das Nest besteht aus einer Mulde am Erdboden, die dünn mit Pflanzenmaterial ausgepolstert wird. Allein das Weibchen baut die Bettstatt, brütet die sieben bis vierzehn Eier aus und führt später die Kinderschar bis zur Unabhängigkeit. Nach etwa zweieinhalb Wochen schlüpfen die Küken. Jungwachteln sind Nestflüchter und kehren ihrer Wiege rund vierundzwanzig Stunden nach der Geburt den Rücken, um der Mutter hinterherzulaufen. Mit neunzehn Tagen erhalten sie den Flugschein. Vier bis sieben Wochen nach dem Schlupf löst sich der Familienverband auf. Nur in Ausnahmefällen beteiligen sich die Männchen am Brutgeschäft.

## König mit Rätsche

Wachteln leiden wie alle Feld- und Wiesenbrüter unter der Intensivierung der Landwirtschaft mit dem verstärkten Einsatz von Pestiziden und dem Anbau von Monokulturen, dem frühen und mehrfachen Mähen, der Entfernung von Blühstreifen am Feldrand, der Überweidung und unter nasskalter Witterung während der Brutzeit. Daher sind die Bestände von Jahr zu Jahr stark schwankend und langfristig abnehmend. Derzeit steht die Wachtel auf der Vorwarnliste der Roten Liste. Noch dramatischer präsentiert sich die Situation ihres Verwandten, dem Rebhuhn. Dieses war früher in unserer Feldflur allgegenwärtig und ist heute stark gefährdet. Während des zwanzigsten Jahrhunderts begann sein Niedergang, der bis heute anhält. Es lebt weniger versteckt als die Wachtel und kann eher einmal auf offenen Flächen bei der Nahrungssuche beobachtet werden.

Feuchtwiesen mit hohem Gras sind mit Abstand die Lieblingsbiotope des Wachtelkönigs, einem Mitglied der Kranichfamilie von der Größe einer

Amsel. Außerdem besiedelt er Bergwiesen oder Brachflächen und gelegentlich Getreide- oder Kleefelder. Aufgrund der Ähnlichkeit und seines Formats – ein Kopf größer als die Wachtel – wurde ihm der Titel „König der Wachteln" zugesprochen. Mit diesen teilt er neben dem Namen die Tarnfärbung und den Hang zu Versteckspielen. Seine Oberseite ist gelblich braun mit dunklen Flecken. Brust, Kehle und Kopfseiten schimmern blaugrau.

Wären Wachtelkönige stumm, würde uns ihre Anwesenheit meistenteils vollkommen verborgen bleiben. Der Frühling ist ihre Sternstunde und für uns die Zeit, in der wir sie ausfindig machen können. Stundenlang geben die Männchen im Mai ihre nahezu ununterbrochen aneinandergereihten Doppellaute zum Besten: „rrrep-rrrep, rrrep-rrrep ..." oder „crex-crex", lautmalerisch wie die wissenschaftliche Bezeichnung der Art. Auf diese Weise wird das Territorium gegenüber Artgenossen markiert. Bei Windstille ist ihr Gesang bereits aus achthundert bis eintausend Meter Entfernung zu hören. Das monotone, kratzende Knarren ähnlich dem Klang einer Rätsche raubte den Menschen früherer Zeiten den Schlaf. Mittlerweile können wir ihre Rufe bei uns nur noch selten vernehmen.

## *Sterne am Sinken*

Wachtelkönige, Große Brachvögel, Uferschnepfen, Rotschenkel, Bekassinen und Kiebitze – sie alle nisten in Feuchtbiotopen wie Mooren, Marschen, Feucht- oder Nasswiesen und teilen mit dieser Vorliebe ein gemeinsames Schicksal: Entwässerungen, der Umbruch von Wiesen zu Ackerland, der Torfabbau, der Ausbau von Wegenetzen und die Zersiedelung lassen ihre Lebensräume schwinden. Darüber hinaus werden bei der Mahd unzählige Bruten zerstört, Küken und regelmäßig auch ein auf dem Nest hockender Elternteil sowie Unmengen von Insekten, Spinnen und anderen Kleintieren getötet, die Nahrungsbasis der Vögel. Aufgrund dessen sind diese Sterne unserer Vogelwelt kontinuierlich am Sinken. Die Brutbestände des Großen Brachvogels, der Uferschnepfe und der Bekassine nehmen stark bis sehr stark ab. Alle drei Arten sind in Deutschland vom Aussterben bedroht. Der Rückgang von Kiebitz und Rotschenkel ist ebenfalls dramatisch und ihr Verbleib in unserer heimischen Fauna hochgradig gefährdet.

Wir beobachten einen Landwirt beim Mähen seiner Wiese. Er hat in der Mitte begonnen und fährt langsam nach außen. Ein Saumstreifen bleibt stehen. Ein Vorbild. Mit schonender Mahd kann die Überlebenschance der Bodenbrüter und ihrer Jungen maßgeblich erhöht werden. Üblicherweise ducken sich die Vögel bei Gefahr flach auf den Boden oder flüchten in die nächstgelegene Deckung. Wird kreisförmig von außen nach innen gemäht, rennen sie immer vor den Maschinen her bis in das Mittelstück und verenden dort. Wird hingegen von innen nach außen oder von einer Seite zur anderen gearbeitet, ist eine Rettung möglich, vor allem bei langsamer Vorgehensweise. Dann bleibt den Tieren Zeit, in Randbereiche zu fliehen und den Messern zu entkommen. Im Idealfall wird die Schnitthöhe erst eine Handbreit über dem Boden angesetzt, so dass Kleintiere oder sich flach auf den Boden drückende Küken möglicherweise verschont bleiben.

*Großer Brachvogel*

## *Lautstark und stimmfreudig*

Wenn im Frühling das Flöten und Trillern des Großen Brachvogels ertönt, liegt ein Hauch von Melancholie und Wehmut über der Landschaft. Seine Stimme trägt weit. Ihr Timbre ist klangvoll und traurig. Das Männchen präsentiert seinen Reviergesang im Wellenflug. Beide Partner rufen vor jeder Landung, bei der Begrüßung am Boden und anderen Anlässen. Gelegentlich ertönt der melodische und stimmungsvolle Ruf auch außerhalb der Brutzeit.

Das Gefieder des Großen Brachvogels ist unscheinbar braun mit schwarzer Strichelung; ein Tarnmantel, mit dem wir ihn zwischen den Grashalmen auf der Wiese oder auf einer Schlammfläche leicht übersehen können. Auffällig ist sein langer und nach unten gebogener Schnabel, den er wie eine Pinzette nutzen kann, um Schnecken und Muscheln aus ihren Schalen zu ziehen. Im Flug leuchtet die Mitte des Rückens schneeweiß auf und bildet einen Keil.

Bei uns kommt der Große Brachvogel schwerpunktmäßig im Norddeutschen Tiefland vor. Im Süden des Landes konzentrieren sich die Populationen auf das Altmühltal, das Nördlinger Ries sowie die Täler von Donau und Isar. Er ist mit fünfzig bis sechzig Zentimeter Körperlän-

*Kiebitz*

ge der größte Vertreter der Watvögel oder Limikolen. Dabei handelt es sich um eine Gruppe von Vögeln, die am oder in der Nähe von Wasser leben und dort watend nach Nahrung suchen. Sie fressen Insekten, Würmer und Weichtiere. Die meisten Arten brüten in einer Mulde am Boden. Ihre Küken sind Nestflüchter.

Unsere bekannteste Limikole dürfte der Kiebitz sein, berühmt für seinen flatternden Hochzeitstanz am Frühlingshimmel über unserer Flur. Stimmfreudig und akrobatisch präsentiert er sich der Damenwelt. Das metallisch schimmernde Schwarz seines Gefieders und die lange Federtolle am Hinterkopf machen ihn unverkennbar. Er ist im Norddeutschen Tiefland und im Alpenvorland sowie in den Flussniederungen der Mittelgebirgsregionen weit verbreitet.

Eine Wiese in der näheren Umgebung ist sein Zuhause. Hier habe ich ihn oftmals beobachtet, denn Kiebitze bleiben ihrem einmal gewählten Brutplatz in der Regel treu. Häufig kehrt auch der Nachwuchs zum Nisten an den eigenen Geburtsort zurück. Ab Februar beginnt die Balz. In rasanten Flugmanövern steigt das Männchen auf und ab, schwankt von einer Seite zur anderen, stürzt sich immer wieder halsbrecherisch nach unten, um erst im letzten Augenblick abzubremsen und im Zickzackkurs knapp über dem Boden weiterzufliegen. Begleitet wird das Schauspiel von einem summenden-brummenden Flügelschlaggeräusch und lautstarken, schrillen Rufen, unter anderem seinem Autogramm: „kiju-witt“ = Kie-bitz.

## *Eins, zwei, drei, vier Eckstein*

Mein Vater macht mich auf den Gesang einer Feldlerche aufmerksam: ein Flöten und Tirilieren aus der Höhe weit über unseren Köpfen. Minutenlang hängt der Vogel flügelschlagend auf der Stelle, die Schwanzfedern weit gespreizt. „Eins, zwei, drei, vier Eckstein, alles muss versteckt sein!“ Unvermittelt lässt er sich wie ein Stein zur Erde fallen und entzieht sich unseren Blicken. Mit ihrem ackerbraun melierten Federkleid sind Feldlerchen am Boden so gut wie unsichtbar und deshalb gut geschützt vor Feinden – und Versteckspielsuchern.

Dem Erdboden verbunden sind neben der Feldlerche auch eine Reihe weiterer Singvögel wie die Haubenlerche, der Wiesenpieper, die Wiesen-

*Braunkehlchen*

schafstelze, die Grauammer und das Braunkehlchen. Sie brüten allesamt in der offenen Landschaft auf Wiesen und Brachflächen, in Heiden und Mooren oder auf Äckern mit Getreide und Rüben. Ihre Nester liegen gut verborgen in einer Erdmulde zwischen der Vegetation, häufig unter einem Grasbüschel als Sichtschutz. Die Farben ihrer Gewänder sind gedeckt und verschmelzen besonders von oben gesehen hervorragend mit dem Untergrund. Damit zählt die Bande gewohnheitsmäßig zu den Gewinnern beim Versteckspiel.

## *Wartensänger und Ansitzjäger*

Braunkehlchen leben bevorzugt auf feuchten Grünflächen in offener und strukturreicher Umgebung, gerne in der Nähe von Bächen und Gräben. Magerwiesen voller Blüten dienen ihnen mit ihrem Insektenreichtum als Vorratsdepot. Dort sind sie leicht zu entdecken. Meistens sitzen die Wartensänger und Ansitzjäger gut sichtbar auf Pflanzenstängeln, Büschen oder Weidezäunen, um ihre flötend-kratzende Melodie vorzutragen oder auf Beute zu lauern. Dabei knicksen sie ähnlich wie Rotkehlchen oder Hausrotschwänze immer wieder mit den Beinchen und wippen mit dem Schwanz.

Einmal im Blick, sind die Sekunden ihrer Opfer gezählt. In kurzen, wendigen Verfolgungsflügen werden sie von ihren Häschern aus der Luft geschnappt, vom Boden aufgesammelt oder von Pflanzen gepflückt. Gelegentlich steigen die Vögel senkrecht auf und rütteln für kurze Zeit in der Luft oder starten zu einem Rundflug mit Rüttelphasen, um danach an ihren Ausgangspunkt oder eine Nachbarwarte zurückzukehren. Auf dem Speiseplan stehen ergänzend zu Insekten auch Spinnen, Schnecken und Würmer, zur Erntezeit auch Beeren.

Erst gegen Ende April kehren Braunkehlchen aus den Winterquartieren südlich der Sahara zurück. Ihr Aufenthalt bei uns ist kurz. Bereits ab Mitte August beginnt der Rückzug. Daher bleibt ihnen lediglich Zeit für eine einzige Jahresbrut; umso wichtiger ist es, dass diese erfolgreich verläuft. Die Bestände der Langstreckenzieher sind deutschlandweit stark rückläufig und stark gefährdet. Insgesamt haben sich diese seit Anfang 1990 um die Hälfte reduziert. In Bayern, Baden-Württemberg, Hessen und Nordrhein-Westfalen gilt das Braunkehlchen als vom Aussterben bedroht. Im Saarland steht die Population kurz vor dem Erlöschen. Viele Regionen sind schon heute verwaist.

## *Schwergewichte in der Luft*

Flugfähig mit bis zu sechzehn Kilogramm Körpergewicht – Großtrappen-Männchen sind die schwersten Vögel Europas und wirken auch so: kräftig und massig mit langen, stämmigen Beinen. Ihre Flügelspannweite liegt zwischen zweihundertzehn und zweihundertvierzig Zentimetern. Die Damen treten zierlicher auf die Bühne. Sie sind deutlich kleiner und bringen mit bis zu fünf Kilogramm höchstens halb so viel auf die Waage. Männchen wiegen je nach Alter acht bis sechzehn Kilogramm.

Am Boden bewegen sich Großtrappen langsam und bedächtig. Immer auf der Hut! Ihre Toleranz gegenüber Annäherung ist ausgesprochen gering. Bei Störungen fliegen sie bereits auf große Entfernung flach ab. Die

Startrichtung liegt üblicherweise gegen den Wind. Wenn Schnelligkeit gefragt ist, geht es dank der Sprungkraft ihrer Beine zur Not auch steil nach oben. Einmal in der Luft, fliegen sie mit weit ausholenden Flügelschlägen. Majestätisch und ausdauernd. Ihre Flughöhe ist generell niedrig, meistens zwischen dreißig und hundert Metern über dem Boden.

Die Steppenvögel leben bei uns in Sekundärhabitaten: ausgedehnte, weitgehend gehölzfreie und extensiv genutzte Kulturlandschaften aus Grünland- und Ackerflächen mit Brachen, die im besten Fall weder von Siedlungen und Verkehrswegen noch von Freileitungen, Hochspannungsmasten und Windenergieanlagen zerschnitten sind.

Mit ihrem ockerbraunen, schwarz gewellten Federkleid sind die Riesen bei der Nahrungssuche auf Äckern und im Gras erstaunlich gut getarnt, umso mehr mit Getreidefeldern oder Wiesen im Hintergrund und bei flim-

*Weibchen (links) und Männchen (rechts) der Großtrappe*

merndem Sommersonnenlicht. Sie leben ganzjährig gesellig und nach Geschlechtern getrennt in Trupps. Altvögel ernähren sich überwiegend vegetarisch. Im Sommerhalbjahr werden auch Insekten, Würmer, Schnecken, Kleinsäuger, Eidechsen und Froschlurche aufgenommen. Jungvögel erhalten zunächst tierische Kost.

Einmal im Jahr treffen sich alle zu einem Großereignis von Bedeutung und Faszination: die Männchen als Akteure, die Weibchen als Zuschauerinnen. Schauplatz ist die seit Generationen genutzte Balzarena. Es gilt, einen Partner für die Gründung einer Familie zu finden. Zunächst werfen sich die Hähne in Schale. Die Farbe ihrer Wahl ist die Farbe der Unschuld. Mit einem Ruck wird ein Großteil des Gefieders von innen nach außen gekrempelt, so dass die Weißanteile zum Vorschein kommen. Gleichzeitig biegen sie Kopf und Hals nach hinten auf den Rücken. Der Schwanz wird steil aufgestellt und der Kehlsack aufgebläht. Derart ausstaffiert präsentieren sich die Freier der Damenwelt und imponieren der Konkurrenz. Wattewölkchen auf der Wiese, die schon von weitem sichtbar sind und paarungsbereite Hennen anlocken – und an den Wolf im Schafspelz denken lassen. Unmittelbar nach der Paarung verziehen sich die Väter und überlassen das Brutgeschäft komplett den Müttern. Von A wie Ablage der Eier bis Z wie Auf-Zucht und Er-Ziehung der Jungen.

Die Großtrappe befindet sich weltweit auf dem absteigenden Ast und wurde im Oktober 2017 von der IUCN (International Union for Conservation of Nature and Natural Resources) als gefährdet eingestuft. In Europa gehört sie zu den am meisten bedrohten Arten. Etwa die Hälfte des Weltbestandes befindet sich mit zweiundzwanzig- bis vierundzwanzigtausend Exemplaren in Spanien. In Mitteleuropa gibt es Reliktvorkommen in Deutschland, Österreich und Ungarn, welche sich nur dank umfassender Schutzprogramme halten können. Die deutsche Population verteilt sich auf das Havelländische Luch, die Belziger Landschaftswiesen und das Fiener Luch. Jedes Jahr am Ende des Winters werden die Tiere gezählt: Im Februar 2022 waren es dreihundertfünfzehn Individuen.

*Saftlingswiese mit Kirschrotem Saftling (vorne) und Jungfern-Ellerling (hinten)*

# PILZE – RIESENKONFETTI IN WEISS UND BUNT

DIE SCHULGLOCKE LÄUTET – und katapultiert mich unvermittelt in die Vergangenheit. Eine Zeitreise in Gedanken: Vor meinem inneren Auge laufen die Bilder wie ein Film ab, der gestern im Kino lief. Plaudernd und kichernd schlendern wir Kinder den Gehweg entlang: Eile mit Weile. Am Bauernhof streicht eine Katze um unsere Beine und will gestreichelt werden. Ihr Fell ist weich und warm. Die Schnurrhaare kitzeln. Es dauert einen Moment, bis sie genug hat und nach einem beherzten Sprung über den Zaun in den Gärten verschwindet. Eine Schar Hühner pickt im Gras zwischen dem Kopfsteinpflaster nach Nahrung und aus dem Stall grunzen Schweine. Der Misthaufen dampft. Es riecht nach „frischer Landluft".

Weiter geht es über die „Drückeampel" an der Hauptstraße, die unseren Ort in der Mitte teilt. Halbzeit zwischen meinem Elternhaus am Ende des Dorfes und der Grundschule. Wir rennen los, um den Knopf zu betätigen. Jeder will Erster sein. Groß ist die Freude, als tatsächlich ein Auto kommt und zum Anhalten gezwungen wird. Auf der anderen Straßenseite verkleinert sich unsere Truppe allmählich. Hier und da biegt ein Kind ab. Am Ende sind nur noch zwei von uns übrig. Schließlich kommt das Zuhause meiner Freundin in Sicht. Sie wohnt in einem uralten Fachwerkgebäude, beschattet von Eichen und Kastanien. Das Grundstück ist verwildert. Auf der Wiese unter den Baumkronen leuchtet es weiß, als würde dort eine Handvoll Bälle herumliegen. Neugierig gehen wir darauf zu. Beim Näherkommen entpuppen sie sich als Pilze. Derart große und kugelrunde Champignons hatte ich noch nie gesehen.

Die häufigsten Arten waren mir bekannt. Meine Eltern gingen im Herbst regelmäßig mit uns über die Wiesen oder in den Wald, um Pilze zu suchen. Daheim angekommen, erzähle ich von dem Fund und wir schlagen im Bestimmungsbuch nach, meinem ganzen Stolz. Da ist er, auf Seite 290: ein Riesenbovist. Essbar, wenn er innen weiß ist. Wir könnten ihn also ernten gehen. Mein Vater schlägt vor, noch ein paar Tage zu warten. Im Text wird berichtet, dass das größte bisher gefundene Exemplar circa einhundertfünfzig Zentimeter breit und sechzig Zentimeter hoch war. Solch ein Gigant würde für mehr als eine Mahlzeit reichen! Das Buch stammt aus dem Jahr 1981. Heutzutage lassen sich im Internet Berichte von Prachtburschen ausgraben, die sogar noch gewaltiger waren und rund zwanzig Kilogramm wogen.

## *Konfetti in Weiß*

Der Riesenbovist zählt zur Gattung der Großstäublinge innerhalb der Familie der Champignon- oder Egerlingsverwandten und ist sowohl der umfangreichste als auch der schwerste Pilz Europas. Sein Format macht ihn unverwechselbar. Gewöhnlich misst er bis zu vierzig Zentimeter. Riesige Schwergewichte von einigen Kilogramm sind selten. Wir können ihn zwischen Juni und Oktober auf stickstoffreichen Böden in lichten Wäldern, an Wegrändern, auf Wiesen und Rasenflächen in Parks oder Gärten entdecken. Beliebt ist seine Zubereitung als Schnitzel. Dazu wird das Fruchtfleisch in Scheiben geschnitten, paniert und in Öl ausgebacken.

Sein kleiner Verwandter landete deutlich häufiger in unserer Familienpfanne, denn er war allgegenwärtig und weit verbreitet: der Wiesen-Champignon, vielen auch bekannt unter dem Namen Wiesen-Egerling. Er wächst auf Magerrasen und extensiv genutztem Grünland, das ohne den Einsatz von Gülle oder Kunstdünger bewirtschaftet wird. Für mich sind die weißen Halbkugeln mit den rosa bis schokoladenbraunen Lamellen die Wiesenpilze schlechthin. Die Art, die mir bei der Frage „Welche Pilze wachsen auf Wiesen und Weiden?“ als Erstes in den Sinn kommt. Nach einem Regenguss, der einer längeren Trockenperiode folgt, können sie von einem auf den anderen Tag in Massen auftreten, denn die Anlagen der Fruchtkörper wachsen bei Wasserzufuhr sehr schnell in die Höhe. Arten wie diese stehen Pate für die Redewendung „Wie Pilze aus dem Boden schießen“. Die steigende Zufuhr von Düngemitteln hat vielerorts zu einem deutlichen Rückgang des Wiesen-Champignons geführt.

Die Begriffe „Champignon“ und „Egerling“ werden im Deutschen synonym verwendet. Während in dem Pilzführer aus Kindertagen durchweg beide Bezeichnungen aufgeführt sind, suche ich das Wort „Champignon" im Register meines aktuellen Werkes vergeblich. Dort gibt es nur Egerlinge. Zeitgeist? Eher die Vorliebe des Autors, denn für Pilze existieren viele Trivialnamen und im Gegensatz zu den Vögeln fehlt eine Liste mit einem offiziellen deutschen Namen für jede Art. In Fachkreisen ist es daher üblich, die wissenschaftlichen Termini zu nutzen – und auch diese sind veränderlich, je nach Forschungsstand. Immer wieder führen neue Erkenntnisse zu Umgruppierungen und Umbenennungen. Unser Typusexemplar des Wiesenpilzes heißt derzeit Agaricus campestris und der Riesenbovist Langermannia gigantea.

## *Spinnweben unter der Erde*

Oben braun mit Jahresringen und unten weißlich benetzt – beim Versetzen eines Baumstumpfes, der uns im Garten an der Feuerstelle als Sitzgelegenheit dient, zeigt sich ein Muster. Sein Aussehen erinnert an Spinnweben.

*Wiesen-Champignon oder Wiesen-Egerling*

Das, was wir an der Erdoberfläche wachsen sehen – den Wiesen-Champignon oder den Riesenbovist – ist lediglich die Spitze des Eisbergs. Es handelt sich um den Fruchtkörper eines Organismus, der weitgehend unterirdisch und versteckt vor unseren Augen lebt – als Geflecht aus Fäden, das Myzel. Es ist weiß und verzweigt.

Das Myzel dehnt sich im Untergrund oder im Holz aus und kann gigantische Ausmaße annehmen. Daher gibt es unter den Pilzen die größten Lebewesen der Erde, bezogen auf die Flächenausdehnung. Den Spitzentitel verteidigt derzeit der Dunkle Hallimasch. Er lebt im Malheur National Forest im Bundesstaat Oregon der Vereinigten Staaten von Amerika, hat eine Ausdehnung von neun Quadratkilometern und wird auf ein Alter von zweitausendvierhundert Jahren geschätzt. Der Dunkle Hallimasch kommt auch bei uns sehr häufig vor. Tot oder lebendig, Hauptsache Fichte! An diesem Baum oder seinen Überresten wächst er in dichten Büscheln. Sein Auftreten in Massen prägt den Herbstwald.

## *Ringel, Ringel, Reihe*

Ringelreihen. Eine Gruppe Kinder bildet einen Kreis, fasst sich an den Händen und läuft, rennt, springt oder tanzt im Rund. Dazu singen sie ihren Reim:

Ringel, Ringel, Reihe,
sind der Kinder dreie,
sitzen unterm Holderbusch,
machen alle husch, husch, husch.

„Husch“ war für uns das Signal zum Hinhocken. Dort kauerten wir dann wie die Champignons oder die Riesenboviste auf dem Rasen im Kreis, bevor es wieder von vorne losging. Hexen- oder Feenring wird die kreisförmige Wuchsform der Pilze genannt. Ein Phänomen, das regelmäßig Wiesen oder Weiden ziert. Vielleicht nach den Kreistänzen der weisen Frauen? Früher glaubten die Menschen offenbar, dass sich Hexen oder Feen an diesen Orten versammeln und gaben den Pilzringen diesen Namen. Für uns Normalsterbliche galt Betretungsverbot.

*Hexenring aus Riesenbovisten*

Die Kreise entstehen, weil das Myzel gleichmäßig in alle Richtungen wächst; vergleichbar einem Wassertropfen, der sich kreisförmig auf der Oberfläche ausbreitet. Rund sechzig Arten können solche Ringe oder Halbringe ausbilden. Manche haben einen Durchmesser von zehn Metern oder mehr, exakt wie mit dem Zirkel gezogen. Wer auf einen Baum klettert und nach unten schaut, könnte meinen, ein Riese hätte dort seinen Hula-Hoop-Reifen abgelegt. Je nach Pilzart in unterschiedlichen Farben und Mustern. Auf Champignonwiesen wachsen auch der Nelken-Schwindling und der Lilastiel-Rötel-Ritterling in Hexenringen. Dann leuchten die Reifen gelbbraun bis ockerbraun oder lehmfarben und violett.

## Das Menü der Pilze

Wiesen-Champignons lieben Pferdemist. Sie sind wie die Mehrzahl der Großpilze Saprobionten – Zersetzerpilze, die von organischen Abfällen zehren. Unter ihnen gibt es Generalisten und Spezialisten. Ob die Hinterlassenschaften von Pferden, Kühen, Schafen und anderen Säugern, Gewölle, Tierkadaver, Hörner und Geweihe, Hufe, Federn, Totholz, Laub, Nadeln, Samen, Zapfen, Fruchthüllen oder das Stachelkleid der Igel – hier haust der Gewöll-Hornpilz – alles findet einen Abnehmer und wird dank solcher Pilze zu Humus recycelt. Ihr Beitrag in diesem Verwandlungsprozess ist unentbehrlich.

Der Schopftintling ergänzt sein Menü darüber hinaus mit Fadenwürmern (Nematoda) und zählt damit zu den nematophagen Pilzen. Die Tierchen werden mit dem Myzel gefangen, kraft eines Toxins bewegungsunfähig gemacht und innerhalb weniger Tage verdaut. Wir können den Stickstoffliebhaber auf Rasenflächen, an Wegrändern und auch auf intensiv genutzten, stark gedüngten Wiesen oder Weiden antreffen.

Unter Umständen nehmen Wiesen-Champignons den Geruch ihres Wuchsortes an. Vorsicht ist deshalb beim Sammeln von Exemplaren in unmittelbarer Nähe von Misthaufen geboten. Sie verströmen das Parfüm ihrer Herkunft beim Braten in der Küche und sind ein Fall für den Kompost. Unangenehmer Duft könnte auch ein Hinweis auf den giftigen Karbol-Champignon sein. Er riecht durchdringend nach Karbol und verursacht heftige Magen-Darm-Beschwerden. Karbol heißt heute Phenol. Es wirkt antibakteriell und war das allererste Desinfektionsmittel, welches jahrzehntelang in Krankenhäusern angewendet wurde. Aufgrund seiner gesundheitsschädlichen Nebenwirkungen ist es inzwischen europaweit verboten.

Andere Pilze ernähren sich parasitisch. Sie befallen lebende Organismen, so dass diese stark geschädigt werden und absterben. Das Paradebeispiel ist der Dunkle Hallimasch, als Parasit in Fichtenforsten gefürchtet. Neben Bäumen oder anderen Pflanzen sind auch Tiere, wir Menschen und selbst Artgenossen betroffen. Der Schmarotzerröhrling wächst auf den Fruchtkörpern von Kartoffelbovisten, hauptsächlich am Dickschaligen Kartoffelbovist. Seine Kappe fühlt sich samtig an und ist hellbraun bis grünlichbraun gefärbt. Leuchtend orange, keulenförmig und etwa streichholzgroß – die Orangegelbe Puppenkernkeule bildet ihren Fruchtkörper überwiegend an den Puppen von Großschmetterlingen und gelegentlich auf Raupen aus. Diese werden durch die Fäden des Pilzes mumifiziert. Die Art trägt zur Regulierung der Insektenpopulationen bei. Je mehr Schmetterlinge, desto mehr Pilze und umgekehrt.

## *Partnerarbeit*

Die Mykorrhizapilze bauen auf Teamarbeit und vernetzen sich unterirdisch mit Bäumen oder anderen Pflanzen, indem sie ihr eigenes Fadengeflecht – das Myzel – mit den Feinwurzeln der jeweiligen Partner verbinden. Durch

*Orangegelbe Puppenkernkeule*

diese Symbiose ist ein Stoffaustausch möglich, von dem beide profitieren. Die Pilze bieten Wasser und Mineralstoffe zum Tausch und erhalten im Gegenzug zuckerähnliche Substanzen. Alle Röhrenpilze und viele weitere Arten gehen solch eine Beziehung ein. Zwei Vertreter sind auch Pilz-Laien ein Begriff: der Gemeine Steinpilz, berühmt für seinen Wohlgeschmack, sowie der Knollenblätterpilz, berüchtigt für sein hochwirksames Gift. Genau genommen handelt es sich dabei um zwei Berüchtigte: den Grünen Knollenblätterpilz und den Kegelhütigen Knollenblätterpilz. Bereits der Verzehr eines mittelgroßen Exemplars führt unbehandelt zum Tod durch Leberversagen.

Die wichtigste Regel für Pilzsammler habe ich daher schon als Kind gelernt: Iss ausschließlich Wildpilze, die du eindeutig identifizieren kannst! Mitunter fuhren meine Eltern mit unserem Körbchen nach dem Ausflug zu einer Pilzberatungsstelle, um den Experten das eine oder andere fragliche Stück zur Begutachtung vorzulegen. Im Zweifel für den Angeklagten – und ein Pilz weniger auf dem Teller. Außerdem galt: Unbekannte Pilze bleiben direkt an Ort und Stelle! Knollenblätterpilze waren nie dabei. Sie sind bei genauem Hinsehen recht einfach zu bestimmen und von den ebenfalls weißhütigen Wiesen-Champignons zu unterscheiden; abgesehen davon, dass beide primär unterschiedliche Lebensräume bewohnen. Der eine ist ein Waldpilz, der andere ein Wiesenpilz.

## *Konfetti in Bunt*

Es scheint, als hätten Maler wie Hundertwasser oder Miró hier ihre Farben gemischt und willkürlich versprüht – so bunt und farbenfroh strahlen die Tupfer im Gras. Ein Bild in Kalkweiß, Ockerbeige, Goldgelb, Fuchsorange, Kirschrot, Blauviolett, Flaschengrün, Nussbraun und Ebenholzschwarz auf moosfarbenem Untergrund liegt ausgebreitet im Sonnenlicht. Trockenwiesen und Magerrasen aller Art und ungedüngtes, extensiv beweidetes sowie höchstens einmal im Jahr gemähtes Grünland dienen als Heimat der Saftlinge, einer Gattung kleiner bis mittelgroßer Pilze. Die Fruchtkörper vieler Arten sind mit ihrer Leuchtkraft ein Vergnügen für die Sinne.

Saftlinge reagieren gegenüber Nährstoffeintrag in Form von Stickstoff oder Phosphaten ausgesprochen empfindlich. Deswegen sind die meisten Angehörigen dieser Verwandtschaft selten bis sehr selten und stark gefährdet. Alle stehen bei uns unter strengem Schutz. Die mit Abstand häufigste Art ist der Kegelige Saftling. Er gilt als schwach giftig und kommt deutschlandweit von den Dünen bis ins Hochgebirge vor. Sein Hut misst zwischen drei und zehn Zentimetern. Die Gestalt ist breit bis spitzkegelig oder glockenförmig. Eine Farbe für jedes Alter: Der Kegelige Saftling wird auch Schwärzender Saftling genannt, weil die Hutfasern im Laufe der Zeit immer dunkler werden und schließlich ganz schwarz sind. In der Jugend schmücken sich die Pilze äußerst variabel in Abstufungen von Zitronengelb über Orangegelb bis Tomaten- oder Blutrot und gelegentlich Gelbgrün.

Rund fünfzig Arten gibt es in Deutschland. Viele der Clowns tragen ihre Lieblingsfarbe im Namen und zaubern uns allein damit ihr Aussehen fantasievoll vor Augen. In der Manege präsentieren sich unter anderem der Safrangelbe Saftling, der Dottergelbe Saftling, der Gelbrandige Saftling, der

*Schwärzender Saftling*

Glänzende Orange-Saftling, der Kirschrote Saftling, der Korallenrote Saftling, der Granatrote Saftling, der Rotkegelige Saftling, der Graue Saftling und der Schwarzbräunliche Saftling dem Publikum.

Der Papageien-Saftling heißt auch Papageigrüner Saftling, weil seine Fruchtkörper im Jugendstadium dick mit einem flaschengrünen Schleim überzogen sind. Später variiert die Garderobe wie jene der gleichnamigen Vögel und andere Farben treten hervor. Neben der grünen gibt es Kopfbedeckungen in gelben, orangefarbenen, roten, blauvioletten, bläulichen und weinbraunen Tönen. Die Alten tragen Ockergelb. Aufgrund genetischer Untersuchungen wechselte er die Gattungszugehörigkeit und wird derzeit zu den Schleimsaftlingen gezählt.

*Papageigrüner Saftling im Jugendstadium*

Auf Saftlingswiesen fühlen sich auch Ellerlinge wie der Aprikosenfarbene Wiesen-Ellerling, der Orange-Ellerling und der Weiße Ellerling wohl. Bizarr muten die Wiesenkorallen und Wiesenkeulen an. Ihre strauchartigen oder keulenförmigen Fruchtkörper erinnern tatsächlich an die Skelette der Nesseltiere und sind häufig gelb gefärbt. Die meisten Arten kommen bei uns nur extrem selten vor. Weit verbreitet und mäßig häufig ist die Geweihförmige Wiesenkoralle. Sie strahlt lebhaft goldgelb. Des Weiteren können wir hier Angehörige der Rötlinge wie den dunkelgraubraunen Seidigen Rötling, Erdzungenverwandte wie die Klebrigschwarze Erdzunge – ihre Fruchtkörper sehen wie Keulen aus und werden bis zu sechs Zentimeter hoch – sowie eine Reihe weiterer gefährdeter Pilze finden. Ob Saftlinge, Schleimsaftlinge, Ellerlinge, Wiesenkorallen, Wiesenkeulen oder Erdzungenverwandte – Farbkonfetti dieser Gestalt weist auf Naturnähe und den hohen ökologischen Wert einer Wiese hin.

*Alpenmurmeltier*

# HÖHENANBETER – GRÜNLAND ÜBER DEN WOLKEN

GERUHSAM TRÖDELN WIR im Schritttempo die Passstraße entlang. Dunkelgrau meliert und völlig bewegungslos ruht die Asphaltschlange vor uns ausgebreitet auf der Hochebene, zum Horizont hin allmählich schmaler werdend. Ihr Kopf liegt verborgen hinter einer Kurve, das Hinterende im Tal. Rechts und links erstreckt sich weitläufig und von Felsbrocken durchsetzt das Sattgrün der Alm. Durch die geöffneten Fenster klingen die Lieder der Bergpieper. Sie werden im Flug vorgetragen und schallen weit über die Landschaft. Die spatzengroßen Sänger nisten auf Rasenflächen oberhalb von eintausend Höhenmetern und zählen zu den häufigsten Brutvögeln der Alpinstufe. Ihr Federkleid ist unscheinbar graubraun mit dunkel gestrichelter Brust und hellem Überaugenstreif. Damit sind sie am Boden zwischen Geröll und Gras hervorragend getarnt. Ein Charaktervogel der Berge!

Über dem Bergkamm taucht ein Punkt auf und kommt langsam näher. Dunkel und groß, mit ausladenden, gefingerten Schwingen. Adler oder Geier, das ist hier die Frage? Zeit für eine Pause am Wegesrand. Wir halten an und steigen aus. Während die Kinder auf einen Felsen klettern, greife ich zum Fernglas. Von den Himmelsriesen halten sich drei Arten mehr oder weniger regelmäßig in den Alpen auf und stehen folglich unter Verdacht: Bartgeier, Gänsegeier und Steinadler.

## *Riesen der Lüfte*

Der Bartgeier ist mit bis zu zweihundertachtzig Zentimeter Flügelspannweite der Größte der Bande. Er war zu Beginn des zwanzigsten Jahrhunderts im Alpenraum ausgerottet. Seit 1986 gibt es Wiederansiedelungsprogramme mit Jungvögeln, die in Zoos aufwuchsen. Im Jahr 1997 wurde in den französischen Alpen die erste Freilandbrut dokumentiert. Derzeit sind in den Alpen rund zweihundertzwanzig Tiere unterwegs. Gänsegeier messen von Flügelspitze zu Flügelspitze zweihundertdreißig bis zweihundertsechzig Zentimeter. Ihr Verbreitungsschwerpunkt liegt auf der Iberischen Halbinsel. Sie übersommern in den Alpen, so dass auch bei uns gelegentlich Nichtbrüter und Jungvögel auftauchen. Der kleinste und häufigste der drei ist der Steinadler. Seine Spannweite liegt zwischen einhundertneunzig und zweihundertdreißig Zentimetern. Von den rund eintausenddreihundert Brutpaaren des Alpenraums brüten etwa fünfzig in den bayrischen Alpen.

Dank des Fernglases werden Details der Silhouette deutlich. Der Schwanz hat die Form eines Fächers und ist etwa so lang wie die Flügel breit sind. Demnach besitzt der Bartgeier ein Alibi und fällt raus aus der Runde, denn er schmückt sich mit einem keilförmigen Schwanz. Ein Blick auf die Flügel festigt meine Vermutung und lüftet schließlich das Rätsel: Die Hinterkante der Schwingen ist s-förmig gebogen – der König der Lüfte gibt sich die Ehre! Dahingegen würden die Flügel des Gänsegeiers an ein Brett mit nahezu geraden Längskanten erinnern. Dessen Flügelspitzen – die „Finger“ – wären zudem ausgeprägt lang und die Schwanzfedern kurz.

Was für eine Entdeckung! Begeistert informiere ich die Kinder über meinen Fund, reiche das Fernglas weiter und baue das Spektiv auf. Inzwischen streicht der Steinadler im Suchflug über die Bergwiese. Bei sechzigfacher Vergrößerung zeigt sich die fast einfarbig dunkelbraune Gefiederfärbung des Altvogels. Ein Jungvogel hätte je nach Alter ein mehr oder weniger großes weißes Feld auf der Unterseite sowie einen weißen Schwanz mit schwarzer Endbinde. Dann hören wir Pfiffe. Schrill und durchdringend. Gleichzeitig schießt der Vogel im Sturzflug nach unten und bleibt am Boden sitzen. Offenbar kam die Warnung zu spät. Ein Blick durchs Spektiv gibt Gewissheit. Der Überraschungsangriff ist geglückt! In den Fängen des Jägers befindet sich ein Alpenmurmeltier.

## *Höhlenbewohner mit Pfiff*

Alpenmurmeltiere zählen im Sommer zur Hauptbeute des Steinadlers. Ihr Zuhause sind alpine Matten, Bergwiesen und Almen in der Felsregion oberhalb der Baumgrenze, vorzugsweise in Südhanglage. Dort wohnen sie in Familienverbänden von bis zu zwanzig Individuen in selbstgegrabenen

Bauen. Diese können bis zu drei Meter tief sein und zehn Meter Ausdehnung haben. Rund neunzig Prozent ihres Lebens findet unter Tage statt, der Winterschlaf miteingerechnet.

Nachdem der Steinadler gesättigt abgeflogen ist und sich die Lage beruhigt hat, kommen die Tiere wieder in Sicht. Zunächst entdecken wir einige Einzeltiere, die exponiert und aufrecht auf den Hinterbeinen stehend ihre Umgebung im Blick halten. Andere Gruppenmitglieder liegen derweil flach ausgebreitet am Boden und nehmen ein Sonnenbad – vermutlich zur Bekämpfung von Parasiten – oder wälzen sich aus diesem Grund ausgiebig im Staub. Manche spielen ausgelassen im Gras und balgen miteinander. Der Rest knabbert an Grünzeug aller Art einschließlich der Knospen, Blüten, Samen und Wurzeln. Zu ihren Lieblingsspeisen zählen die Alpen-Mutterwurz und Hülsenfrüchtler wie der Westalpen-Klee oder der Gletscher-Tragant. Zuweilen werden Regenwürmer, Insekten und deren Larven aufgenommen. Es gilt, sich eine Fettschicht für den Winter anzufressen.

Offenbar sind wir ihnen empfindlich auf den Pelz gerückt, denn unsere Entdecker stoßen eine Reihe von Pfiffen als Botschaft an ihre Artgenossen aus: „Achtung, Wanderer im Anmarsch!“ Mit einem Konzert aus voller Kehle pfeifen sie uns geradezu aus und wir treten reumütig den Rückzug an. Bei Lebensgefahr wie der Annäherung eines Steinadlers oder Fuchses würde ein einzelner langgezogener Pfiff ertönen. Beide Warnungen sind weithin hörbar und veranlassen die Mannschaft, ihre Aufmerksamkeit zu verstärken oder postwendend in die Sicherheit der Höhlen abzutauchen.

Rund einen halben Meter plus Schwanz beträgt ihre Körperlänge. Damit gilt das Alpenmurmeltier nach dem Biber als unser zweitgrößtes Nagetier und das größte Tier, das einen echten Winterschlaf mit abgesenkter Körpertemperatur, verlangsamtem Stoffwechsel und wenigen kurzen Unterbrechungen hält. Die Auszeit währt von Oktober bis April. Die Wohnung bleibt dicht verschlossen und wird erst im Frühjahr wieder geöffnet. Niedrige Temperaturen sind auch im Sommer gerne gesehen. Je wärmer der Tag, desto mehr Familienmitglieder verkriechen sich in ihren Behausungen. Mit ihrem dichten Fell sind sie hervorragend an ein Leben in der Kühle der Höhenlagen oder des Untergrunds angepasst und geraten bei Hitze leicht in Stress.

## Chamäleon der Vogelwelt

Im Winter weiß, im Sommer braun meliert, im Frühjahr und Herbst weiß-grau-braun gescheckt – Alpenschneehühner passen ihr Federkleid den Jahreszeiten an. Sie besiedeln steinige Rasen in der alpinen und nivalen Stufe der Alpen ab eintausendsiebenhundert Höhenmetern. Bevorzugt werden Gebirgshänge mit abwechslungsreicher Struktur auf engstem Raum: ein Mosaik aus sonnigen und schattigen, trockenen und feuchten Bereichen mit Felsblöcken, Buckeln, Graten, Satteln, Rippen, Mulden sowie Schneefeldern, die möglichst lange erhalten bleiben. Tarnung ist in dieser offenen und baumlosen Region überlebenswichtig. Ebenso wie das Alpenmurmeltier steht das Chamäleon der Vogelwelt auf der Beuteliste des Steinadlers, noch dazu ganzjährig, denn es bleibt seinem Brutgebiet im Winter treu. In Deutschland beschränkt sich sein Vorkommen auf die nördlichen Kalkalpen.

Das Nest wird in einer Vertiefung am Boden angelegt. Meistens liegt es unter Steinen oder Zwergsträuchern versteckt, manchmal offen im Gras. Gewöhnlich legt das Weibchen gegen Mitte Juni sechs bis neun Eier, die es allein ausbrütet. Derweil steht das Männchen in der Nähe Wache. Feinde werden von ihm durch Balzflüge, Verleiten oder aktive Abwehr von der Kinderstube ferngehalten. Nach etwa drei Wochen schlüpfen die Küken. Oftmals hat der Vater die Familie zu diesem Zeitpunkt bereits verlassen. Bis in den Herbst wird der Nachwuchs von der Mutter geführt.

*Alpenschneehuhn im Sommerkleid*

Ein orangerosa Schimmer bringt Licht ins Dunkel der Nacht. Schatten werden sichtbar. Wir haben unsere Tour weit vor Aufgang der Sonne begonnen. Jetzt klettert sie allmählich hinter den Gipfeln hervor und beleuchtet unseren Pfad. Die Taschenlampen verschwinden im Rucksack. Der Himmel ist klar und wolkenlos, die Morgenluft prickelnd und frisch – ein Tag, wie geschaffen für eine Wanderung im Hochgebirge. Weit unter uns liegen die Spitzen der Bäume. Vor uns erstreckt sich eine offene Landschaft aus Zwergsträuchern, Polsterpflanzen, Moosen und Rasenflächen, durchsetzt mit Felsen. Die strohgelben und gräulichen Grüntöne der Sommergräser beherrschen das Panorama. Ihre Hälmchen wiegen sich in einer leichten Brise.

Hier oben tragen viele Bewohner den Namenszusatz „Alpen". Wir können uns im Verlauf unserer Exkursion erneut an den Alpenmurmeltieren erfreuen. Außerdem zeigen sich Alpengämsen, Alpenbraunellen und Alpendohlen sowie der Alpen-Süßklee, die Alpen-Aster, die Alpen-Küchenschelle und das Alpen-Edelweiß in natura. Alpenschneehühner bleiben uns heute verborgen, ebenso wie Alpensteinböcke, Alpensalamander und Alpenschrecken. Der Alpen-Apollofalter oder die Alpenhummel – zwei Endemiten – sind extrem selten; letztere gilt in Deutschland bereits als ausgestorben und summt nur noch in den österreichischen oder Schweizer Hochalpen.

*Alpen-Edelweiß*

Das Alpen-Edelweiß ist ein Symbol der Alpen – zu finden ausschließlich an Felsabbrüchen in schwindelerregender Höhe. Abgeschieden und schwer erreichbar, so der Mythos. Früher galt es daher als Mutprobe und Liebesbeweis, der Angebeteten ein Sträußlein davon zu überreichen. Ganz entgegen seinem Klischee stolpern wir gänzlich ohne Kletterausrüstung und mitten auf der Wiese über die Filzsterne. Tatsächlich fühlen sich die Korbblütler hier auf den steinigen Kalkrasenflächen der Alpinstufe besonders wohl. Charakteristisch ist ihr Kranz aus wollig-weißen Hochblättern, welche die Blütenköpfchen einrahmen. Der Fund ist der Höhepunkt unseres Ausflugs, denn das Alpen-Edelweiß ist sehr selten und stark gefährdet.

Die Rasengesellschaften der Alpinstufe zählen zu den Urwiesen – im Unterschied zu den Wiesen und Weiden unserer Kulturlandschaft entwickelten sie sich auf natürliche Weise. Die Lebensbedingungen in dieser Höhe sind geprägt von langen Wintern, kurzen Sommern und extremen Klimaverhältnissen mit rauer Witterung sowie intensiver UV-Strahlung. Fauna und Flora bleiben nur eine geringe Zeitspanne, um sich fortzupflanzen und zu entwickeln. Zwergwuchs lautet die Antwort der Pflanzen auf diese Umstände. Nah an den Untergrund geschmiegt stehen sie windgeschützt und profitieren gleichzeitig von der Bodenwärme. Das Alpen-Edelweiß, die Alpen-Küchenschelle und viele andere Arten trotzen der Überhitzung, Austrocknung und Unterkühlung zudem mit einer starken Behaarung. Eine halbkugelige Wuchsform schützt Polsterpflanzen wie das Stängellose Leimkraut oder den Trauben-Steinbrech vor den Wetterwidrigkeiten. Das Innere ihrer Kissen dient als Speicher für Feuchtigkeit und Wärme. Eine weitere Anpassung sind dickfleischige Blätter zur Einlagerung von Wasser, wie sie der Trauben-Steinbrech, die Weiße Fetthenne und der Alpen-Mauerpfeffer besitzen. Süß- und Sauergräser wachsen gemeinhin dicht und niedrig, auch als Folge des Abknabberns durch die Deichschafe der Berge: Alpenmurmeltiere, Alpengämsen & Co.

## *Panorama in Grün*

Je nach Untergrund variiert die Pflanzenwelt. Das Nacktried wächst gerne auf kalkhaltigen Böden an windgepeitschten Stellen, meistens erst in Höhen ab zweitausend Metern. Es zählt zu den Sauergräsern und bildet Horste von fünf bis fünfundzwanzig Zentimeter Länge. Seine Ähre ist schmal wie ein Mauseschwanz und führte zu der wissenschaftlichen Bezeichnung

„myosuroides“ = mausschwanzähnlich, mit vollem Namen: Kobresia myosuroides. Es ist das einzige bekannte Sauergras, das in Symbiose mit Pilzen lebt. Zu den Kalkfreunden gehören des Weiteren das Kalk-Blaugras, die Rost- und die Polster-Segge. Da der Schnee im Hochgebirge spät schmilzt, blühen die Wiesen erst im Hochsommer in voller Pracht. Dann mischen sich das Alpen-Edelweiß, die Weiße Silberwurz, der Trauben-Steinbrech, die Kleine und die Große Eberwurz, der Gletscher-Tragant, das Stängellose Leimkraut, die Alpen-Aster, die Alpen-Küchenschelle, der Alpen-Süßklee, verschiedene Enziane sowie eine Vielzahl weiterer farbenfroher Schönheiten unter das Grün. Ein Augenschmaus! Generell ist die Vegetation auf Kalkgestein artenreicher und bunter als jene über sauren Gesteinen.

Auf den Silikatböden der Zentral- und Ostalpen überzieht die Krumm-Segge weite Flächen. In Höhen zwischen zweitausendzweihundert und zweitausendachthundert Metern ist sie oftmals die vorherrschende rasenbildende Art. Ihr Längenwachstum geht mit weniger als einem Millimeter pro Jahr außerordentlich langsam vonstatten. Die Vermehrung erfolgt gewöhnlich ungeschlechtlich über Rhizome, so dass jeder Junghalm ein exaktes Abbild und damit ein Klon des Ursprungshalmes ist. Anhand von DNA-Analysen identifizierten Forscher der Universität Basel einen Klon von anderthalb Meter Durchmesser, der aus mehr als siebentausend Einzelstängeln bestand. Aufgrund der Wachstumsrate der Krumm-Segge wurde dessen Alter auf zweitausend Jahre hochgerechnet. An diesem Beispiel wird deutlich, wie sensibel und verletzlich die Hochalpenwelt ist. Werden Krummseggenrasen zerstört, dauert es extrem lange, bis die Wunde wieder geheilt und überwuchert ist – wenn dies überhaupt möglich ist. In den deutschen Alpen gilt die Krumm-Segge bereits als ausgestorben oder verschollen.

Die Heimat des Borstgrases liegt ebenfalls auf Silikatgestein. Seine Halme sind steif und borstig. Es gedeiht auf nährstoffarmem Untergrund bis in zweitausendneunhundert Meter Höhe und bildet Horste mit einer Rosette aus verwelkten gelblichen Blättern – der Strohtunika. Auf Borstgrasrasen wächst häufig der Berg-Wohlverleih mit seiner dottergelben Blume, die an die Sonne auf einer Kinderzeichnung erinnert. In Gedanken platziere ich noch das Strichlächeln und die Punktaugen auf dem Blütenköpfchen, dann ist das Bild vollendet. Es duftet angenehm aromatisch. Farbe und Parfüm locken Bestäuberinsekten wie den Alpen-Apollofalter an, der in Höhen ab

*Alpen-Apollofalter auf Berg-Wohlverleih*

tausendfünfhundert Metern zu Hause ist. Seine Raupen ernähren sich bevorzugt von der Weißen Fetthenne. Weitere Farbtupfer setzen das Gelb der Berg-Nelkenwurz, das Dunkelblau des Kiesel-Glocken-Enzians, das Lila der Bärtigen Glockenblume, das Weiß der Bärwurz und das Cremeweiß der Echten Höswurz, eine Orchidee mit sehr kleinen Blüten.

## *Pechschwarz*

Von Kopf bis Fuß und Schwanzspitze einfarbig schwarz – der Alpensalamander sieht aus, als hätte er die arbeitsscheue Marie begleitet, als diese von Frau Holle durch ihr Tor geführt und mit Pech überschüttet wurde. Sein Lebensraum umfasst sowohl Berg- und Schluchtwälder, Wiesen und Weiden in Lagen ab siebenhundert Metern als auch Zwergstrauchheiden, Moore, Matten, Almen, Schotterfelder und Geröllhalden oberhalb der Baumgrenze bis in zweitausendeinhundert Metern, bevorzugt auf Kalkgestein und gelegentlich auch tiefer oder höher. Dort halten sie sich meistens verborgen in Felsspalten, unter Steinplatten, Altholz, Wurzeln oder im Moos auf. Schattig und kühl, denn Feuchtigkeit ist unerlässlich. Auf Flüsse, Teiche oder Seen können Alpensalamander dagegen gut und gerne verzichten. Sie zählen zu den wenigen Amphibien, die sich vollständig und in allen Entwicklungsphasen von Gewässern losgelöst haben. Den Beinamen „Regenmännlein" teilt der Alpensalamander mit seinem Verwandten, dem gelb gefleckten Feuersalamander. Beide sind überwiegend nachtaktiv und zeigen sich nur bei schlechtem Wetter auch am Tage. In den Nordalpen kommen sie in einer Übergangszone nebeneinander vor.

Frühestens Ende April oder Anfang Mai, in Hochlagen häufig erst Wochen nach der Schneeschmelze im Juni, werden die Schwarzröcke aktiv und schreiten zur Paarung. Vom Ei zum Embryo über die Larve zur Imago – der Nachwuchs entwickelt sich vollständig im Mutterleib. Die Tragzeit dauert je nach Höhenlage zwei bis vier Jahre. Je höher, desto länger. Danach bringt das Weibchen in der Regel zwei Junge von vier bis fünf Millimeter Größe zur Welt. Miniausgaben ihrer Eltern. Die Kleinen sind unverzüglich nach ihrer Geburt selbstständig lebensfähig und gehen ab sofort auf die Jagd nach Insekten, Regenwürmern, Nacktschnecken, Spinnen, Asseln oder anderer Fleischkost. Bis sie selber mit dreizehn bis sechzehn Zentimetern ausgewachsen und fortpflanzungsfähig sind, vergehen weitere zwei bis fünf Jahre. Im Laufe des Oktobers ziehen sich die Schwanzlurche zurück und fallen in Winterstarre.

*Alpensalamander*

*Abendstimmung: Schlafplatzeinflug der Alpenstrandläufer*

# SALZLIEBHABER – ZWISCHEN MEER UND FESTLAND

BLAUSILBERN SCHIMMERT DAS WATT IN DER FERNE. Es herrscht Ebbe. Das Wasser läuft bereits wieder auf. Gemeinsam mit Freunden stehe ich auf einem Deich an der Nordsee, den Blick auf die Salzwiesen der Lahnungsfelder gerichtet. Wir haben unsere Spektive aufgebaut und beobachten das Treiben auf den Schlickflächen der Grüppen, welche das Vorland im rechten Winkel zur Küste durchziehen. Die rund zwei Meter breiten Gräben dienen der Entwässerung zur Landgewinnung – und der Vogelwelt als Schnellrestaurants. Deren Öffnungsstunden richten sich nach den Tiden, denn die Rinnen werden im Rhythmus der Gezeiten geflutet und wieder entleert. Dementsprechend ist der Tisch innerhalb von fünfundzwanzig Stunden zweimal üppig gedeckt, jeweils rund um den Tiefstand. Die freigelegten Böden sind feucht, weich und nahrungsreich.

Austernfischer, Rotschenkel und Flussuferläufer zählen zu den Stammgästen, die ausgesprochen häufig und zu jeder Jahreszeit hier einkehren. Sie sind auch heute zahlreich erschienen und stochern eifrig nach Wattwürmern, Krebstieren oder Muscheln – einträchtig neben einzelnen Säbelschnäblern, Kiebitzregenpfeifern, Sandregenpfeifern, Pfuhlschnepfen, Dunklen Wasserläufern, Grünschenkeln, Knutts und Alpenstrandläufern. Zwischen Juli und September herrscht Hochbetrieb im Wattenmeer. Dann gesellen sich zu den heimischen Brutvögeln die Sommerfrischler und Durchzügler aus dem Norden. Bei ablaufendem Wasser und Ebbe hält sich die Masse der Vögel im offenen Watt hinter den Salzwiesen auf, außerhalb der Reichweite unserer Fernrohre. Wir warten auf die Flut.

Der Tag neigt sich dem Ende und am Himmel hinter den Lahnungsfeldern steigen Rauchschwaden auf. Riesengroß und dunkel ziehen sie nach oben. Das Anwachsen des Wasserstandes treibt die Nahrungsgäste der Wattflächen in die Höhe. Sie gruppieren sich zu Flugformationen aus Hunderten und Tausenden von Einzeltieren. Solange es noch trockengefallene Bereiche gibt, wandern die Schwärme gewöhnlich nur ein Stück weiter

Richtung Küste und landen wieder, den herannahenden Fluten immer eine Nasenlänge voraus. Manche überspringen diesen Schritt und fliegen allein oder in kleinen Grüppchen unverzüglich auf die Salzwiesen. Nach und nach trudeln immer mehr Vögel in unserer Nähe ein und lassen sich wunderbar im Detail studieren.

## *Blitzlichtgewitter*

Schließlich treibt die Flut eine Wolke Alpenstrandläufer herbei. Ihre Formation wandelt sich sekündlich und gleicht einem Blitzlichtgewitter, denn beim Hin- und Herschwenken wechselt die Farbe. Mit jeder Kehrtwende rückt entweder der dunkle Rücken oder die helle Unterseite der Vögel in den Fokus. Das stiftet Verwirrung. Flugfeinden fällt es schwer, bei dem Tempo ein Individuum als Beute zu fixieren und aus der Menge herauszufischen.

Der Trupp landet vor uns in der Salzwiese und kommt zur Ruhe. Dicht gedrängt stehen die Vögel beieinander und dösen, die Brust gegen den Wind gerichtet und den Schnabel ins Gefieder gesteckt. Einzelne bleiben aktiv und behalten die Umgebung aufmerksam im Auge oder stöbern zwischen den Pflanzen nach einem Betthupferl. Tiere, die dem Wind ausgesetzt sind, wandern auf die Leeseite des Schwarms und sorgen auf diese Weise für eine Verlagerung des Schlafplatzes der Gemeinschaft. Bei Ebbe würden die Alpenstrandläufer auch in stockdunkler Nacht im Watt auf Nahrungssuche gehen.

Der Alpenstrandläufer ist der häufigste Zugvogel im Wattenmeer. Mehr als eine Million Tiere rasten hier jedes Jahr. Ihre Brutgebiete liegen in der arktischen Tundra. Bei uns nistet nur eine Handvoll Paare in Mecklenburg-Vorpommern. Im Sommerkleid sind Altvögel an ihrem schwarzen Bauch und der rostbraunen Oberseite leicht zu erkennen. Jungvögel zeigen eine charakteristische weiße V-Zeichnung auf dem Rücken. Ihre Unterseite ist schwarz gefleckt.

## *Pufferzone zwischen den Welten*

Weder Meer noch Festland – Salzwiesen bilden den Übergang zwischen den Welten, eine Pufferzone. Sie werden je nach Standort mehr oder weniger häufig überflutet. Manche zweimal täglich, andere höchstens siebzig Mal im Jahr bei hohem Hochwasser, Spring- oder Sturmfluten. Hier wohnen Spezialisten der Extraklasse: Pflanzen und Tiere, die ein regelmäßiges Vollbad im Salzwasser vertragen oder – im Falle des Europäischen Quellers oder der Strand-Sode – sogar benötigen. Viele Arten sind endemisch und auf diesen Lebensraum angewiesen. Ein Lebensraum, der ebenso wie die Rasengesellschaften des Hochgebirges als natürliches Grünland gilt. Einzigartig und herausragend.

Salzwiesen entstehen an flachen und strömungsarmen Küsten in der gemäßigten Klimazone. Sie verdanken ihre Existenz den Gezeiten und befinden sich beständig im Aufbau. Bei jeder Flut werden Sedimente angeschwemmt, die sich ablagern und im Laufe der Zeit immer höher wachsen, etwa einen Zentimeter pro Jahr. Es gibt drei Zonen, je nach Höhe zum Meeresspiegel. Die Queller- oder Pionierzone stößt an das Watt, es folgen die Andel- und die Rotschwingelzone.

Im ersten Schritt setzen sich Schwemmteilchen an Stellen mit wenig Strömung ab. Dort erscheint als Pionier der Europäische Queller. Mit seinen Wurzeln und Blättern hält er weiteres Feinmaterial fest und verfestigt den Boden. Im Anschluss stellt sich das Englische Schlickgras ein. Beide wachsen lückig unterhalb des mittleren Hochwasserstandes.

Oberhalb dieser Marke und bis in etwa vierzig Zentimeter Höhe darüber gründet der Andel oder Strand-Salzschwaden die erste geschlossene Vegetationsdecke der Unteren Salzwiese. Andelrasen ertragen Salz, periodische Überflutungen und Beweidung. Schon bald erobern Pflanzen wie die Strand-Melde, die Strand-Sode, das Ge-

*Andel oder Strandschwingel*

bräuchliche Löffelkraut, die Strand- Aster oder der Strand-Dreizack diesen Bereich und beanspruchen ihn für sich. Der Andel wird dann oftmals an den Anwachsstreifen entlang der Flutlinie zurückgedrängt.

Die Obere Salzwiese steht nur noch selten unter Salzwasser. Sie grenzt an die Andelzone und ist das Reich des Strand-Rot-Schwingels. Unter seiner Ägide floriert die Pflanzengemeinschaft zur artenreichsten der drei Zonen, farbenfroh und vielseitig wie ein Feuerwerk. Typische Bewohner dieser Gefilde schmücken sich mit den Namen Strand-Wegerich, Gewöhnlicher Strandflieder, Gewöhnliche Grasnelke, Strand-Milchkraut und Strand-Tausendgüldenkraut.

## *Salz ist Gift!*

Rund fünfzig Blütenpflanzen sind auf den Salzwiesen heimisch. Sie haben verschiedene Strategien zur Regulierung des Salzgehaltes entwickelt, da eine hohe Salzkonzentration die Aufnahme von Flüssigkeit erschwert und giftig auf die Zellen wirkt. Der Europäische Queller setzt auf Verdünnung, indem er Süßwasser aufnimmt und aufquillt. Andel und Strand-Rot-Schwingel arbeiten mit einem Wurzelfiltersystem, um sich das Salz vom Leib zu halten. Andere Pflanzen deponieren Salz in Körperteilen, die sie später abwerfen: das Gebräuchliche Löffelkraut und der Strand-Wegerich in alten Blättern, die Strand-Melde in Blasenhaaren auf der Blattoberfläche. Die Strand-Sode lagert das Salz im Zellinneren an, so dass die Salzkonzentration beständig ansteigt, bis die Pflanze schließlich an Salzvergiftung stirbt. Ihre Lebensspanne reicht genau aus, um Samen auszureifen und sich fortzupflanzen. Das Englische Schlickgras, der Strand-Dreizack und der Gewöhnliche Strandflieder scheiden überschüssiges Salz über Drüsen aus. Die Entsalzung kostet Energie. Infolgedessen wachsen die Bewohner der Salzwiesen langsam und bleiben niedrig.

## *Vogelparadies*

Im Wattenmeer zwischen Den Helder in den Niederlanden und Esbjerg in Dänemark befindet sich mit etwa vierzigtausend Hektar das größte zusammenhängende Salzwiesengebiet Europas. Ein Biotop von internationaler

*Lilatöne: Gewöhnlicher Strandflieder (links), Strand-Aster (Mitte) und Gewöhnliche Grasnelke (rechts)*

Bedeutung, sowohl für die Salzspezialisten unter den Insekten und Pflanzen als auch für die Vogelwelt. Rund fünfzig Vogelarten ziehen hier ihren Nachwuchs groß, nutzen die Flächen als Rast- und Ruheplatz oder zur Nahrungssuche. Läuft während der Zugzeiten im Frühjahr und Herbst mit Riesenschritten die Flut ein, herrscht Hochbetrieb. Dann kehren zuweilen Abertausende von Wanderern ein, um trockenen Fußes ein Nickerchen zu machen – bevor sie sich nach dem Rückzug der Wassermassen erneut im Watt die Mägen für ihre Weiterreise vollschlagen können. Große Bereiche stehen daher als Teil der Nationalparke Schleswig-Holsteinisches, Hamburgisches und Niedersächsisches Wattenmeer unter Naturschutz.

„Tjüü" – unter lautem Rufen fliegt direkt vor meiner Linse ein Rotschenkel auf und präsentiert mir dabei seine Visitenkarte: den spitz zulaufenden weißen Rückenkeil und einen breiten weißen Flügelhinterrand. Die Zehen ragen ein Stückchen über das Schwanzende hinaus. Er gehört zu den häufigsten und auffälligsten Brutvogelarten der Küste. Die Art ist allgegenwärtig und ruffreudig. Sowohl vor dem Auffliegen und kurz danach als auch während des Fluges, seine Stimme begleitet uns hier auf Schritt und Tritt. Zur Balzzeit ertönt das Hochzeitslied, ein melodisches Jodeln. Es wird gewöhnlich aus der Luft vorgetragen.

Oftmals stehen Rotschenkel auf Zaunpfählen oder anderen Aussichtspunkten, um das Gelände zu überwachen. Dann können wir sie an ihren leuchtend orangeroten Beinen schon von Weitem erkennen. Ihr Schnabel sieht aus, als hätte das Stochern im Schlamm ihn dauerhaft verfärbt: rot an der Basis und schwarz an der Spitze. Das Gefieder ist braun gesprenkelt. Feinde werden bei Annäherung ausdauernd und lautstark angekündigt. Hören die Küken das harte „djipp-djipp-djipp ..." ihrer Eltern, verbergen sie sich blitzschnell im Gras. Die höchste Brutdichte erreichen sie in unbeweideten Salzwiesen mit hohem Pflanzenbewuchs. Dort nistet auch die seltene Uferschnepfe.

Auf kurzrasigen, lückig bewachsenen oder vegetationslosen Flächen nahe der Hochwasserlinie richten sich Küstenseeschwalben häuslich ein, um in Gesellschaft ihrer Artgenossen zu brüten, oftmals gemeinsam mit Flussseeschwalben. Sie ernähren sich und ihren Nachwuchs von kleinen Fischen, die stoßtauchend erbeutet werden. Die Kolonie befindet sich ständig auf der Hut. Ihre Devise: Angriff ist die beste Verteidigung! Möwen, Krähen, Greifvögel, Füchse und andere Fressfeinde – wir Menschen eingeschlossen – bekommen ihre Schnäbel zu spüren. Heftig und aggressiv setzen sie sich zur Wehr. Die Vögel attackieren uns im Sturzflug, laut kreischend und mit gezielten Hieben, unter Umständen fließt Blut. Das Bombardieren mit Kotspritzern oder halbverdautem Mageninhalt steht ebenfalls auf ihrem Programm. Im Eifer des Gefechts werden auch Schafe und andere harmlose Tiere bekämpft, die in der Schusslinie stehen.

Wie die Küstenseeschwalbe lebt auch der Säbelschnäbler gewagt und legt seine Kinderstube gerne in Tuchfühlung mit der Flutlinie an. Er bezieht vor allem Bereiche in der Nähe nahrungsreicher Schlickwattflächen. Sand- und

Seeregenpfeifer bevorzugen ebenfalls kurzrasige, teilweise übersandete Salzwiesen mit schütterer Vegetation. Lärmendes Geschrei weist uns den Weg zu einer Kolonie der Lachmöwe, dem häufigsten Brutvogel des Wattenmeeres. Im Sommer trägt sie eine schokoladenbraune Kopfkappe und dunkelrote Strumpfhosen. Ab August wird die Garderobe gewechselt. Ihre Wintermütze ist überwiegend weiß mit einem dunklen Fleck hinter dem Ohr, die Beinkleidung wandelt sich zu einem helleren Rot. Seit einigen Jahren ist zudem der Löffler bei uns heimisch. Er errichtet sein Nest in höher gelegenen Salzwiesen oder feuchten Dünentälern auf Inseln und Halligen, häufig in der Nachbarschaft von Silber- und Heringsmöwenkolonien.

## *Halligstorch im Elsterkleid*

Schwarz-weiß mit langem rotem Schnabel und rosaroten Beinen – wer bei dieser Beschreibung an einen Weißstorch denkt, hat die Rechnung ohne den Austernfischer gemacht. Der Halligstorch – so sein Spitzname in Norddeutschland – ist ein Charaktervogel der Küste und hier omnipräsent. Tatsächlich gleicht die Farbverteilung seines Gefieders eher einer Elster. Auf

*Austernfischer*

Dänisch heißt er deshalb Strandskaden = Strand-Elster, auf Katalanisch Garsa de mar, genau wie auf Finnisch Meriharakke = Meer-Elster und auf Russisch Кулик-сорока (kulík-soróka) = Strandläufer/Schnepfen-Elster.

Austernfischer sind wenig scheu und lassen sich leicht beobachten. Mit schallenden Rufen und ohrenbetäubenden Trillerkonzerten machen sie auf sich aufmerksam. Soeben läuft mir ein Trupp ins Bild. Gräuliche Beine und schwarze Schnabelspitzen kennzeichnen den Nachwuchs, der diesen Sommer flügge geworden ist. Jungtiere aus dem Vorjahr und Alttiere im Schlichtkleid ziert ein weißer Halsring.

Die Salzwiesen, Sand- oder Kiesstrände und Dünen der Nordseeküste sind ihr Hauptbrutgebiet. Darüber hinaus nisten Austernfischer auch auf Grün- und Ackerflächen in den Seemarschen oder an Gewässern im Binnenland. Rund fünfundneunzig Prozent des Gesamtbestandes liegt im Westen des Norddeutschen Tieflandes. Eine Mulde im Boden dient ihnen als Nest für die drei Eier. Dieses bleibt entweder spartanisch nackt und gänzlich ohne Einrichtung oder wird Ton in Ton mit Material aus der Umgebung ausgekleidet: Pflanzenteile auf grasigem Grund; Hartkörper wie geschlossene Muscheln, Schalenhälften oder -fragmente, Schneckengehäuse sowie Steinchen auf Vorstränden und Dünen.

## *Salzspezialisten mit sechs Beinen*

Erdkrumen, die wie Salzkörner aussehen und als Häufchen an der Oberfläche liegen, bringen mich auf die Spur eines Experten von rund sechs Millimeter Körperlänge – der Prächtige Salzkäfer, ein Ansässiger der Quellerzone. Dort gräbt er sich eine etwa zehn Zentimeter lange Wohnröhre in den Schlick. Diese gleicht in ihrer Funktion dem U-Rohr unserer Waschbecken. Sie führt zunächst schräg, dann gerade nach unten und hält eine Luftblase als Wasserschranke fest. Am Grund befindet sich eine Toilette und im oberen Bereich die Speisekammer mit einem Algenvorrat für Schlechtwetterperioden. Rechts und links zweigen zwanzig bis dreißig Kinderzimmer ab, in die jeweils ein Ei gelegt wird. Nachdem die Larven geschlüpft sind, werden sie noch ein paar Tage gefüttert. Danach bauen sich die Kleinen jeweils eine eigene Behausung, schreiten zur Verpuppung und krabbeln nach der Verwandlung als Imago ans Sonnenlicht. Ihre Nahrung – die Algen –

*Prächtiger Salzkäfer*

weiden Prächtige Salzkäfer bevorzugt bei Regen ab. Nach der Waschung mit Süßwasser sind diese salzärmer und besser verträglich.

Der Gallrüsselkäfer hat eine andere Methode entwickelt. Das Weibchen legt seine Eier in die Blütenstiele des Strand-Wegerichs ab. Unter dem Blütenstand entsteht eine Pflanzengalle in Form einer rötlichen Schwellung. In ihrem Hohlraum kann der Nachwuchs ebenso geschützt vor Wellen, Wind und Salz heranwachsen wie die Kinderschar des Prächtigen Salzkäfers in den Erdbauten.

Der Gewöhnliche Strandflieder fungiert als Wirtspflanze des Strandflieder-Spitzmaus-Rüsselkäfers. Dieser nagt zunächst ein Loch in den Wurzelhals, deponiert seine Eier und versiegelt die Öffnung schließlich mit einem Sekret, um das Nestchen sturmfest und wasserdicht zu machen. Nach dem Schlupf fressen sich die Larven durch das Innere des Wurzelhalses und der unteren Stängel. Die Alttiere werden lediglich drei bis vier Millimeter groß und schimmern metallisch purpurfarben. Ihre Kopfform erinnert an die der Spitzmaus und führte gemeinsam mit der Abhängigkeit von allein dieser Salzwiesenpflanze zu dem bildhaften Namen.

*Rothirsche zur Brunftzeit*

# SÄUGETIERE – VEGETARIER UND FLEISCHFRESSER

TIEF UND KEHLIG – ein lang gezogenes Brüllen schallt durch die Dämmerung. In kurzen Abständen folgen weitere Rufe. Weiter geht es, Augen und Ohren gespitzt, immer der Geräuschquelle nach. Offenbar sind wir auf der richtigen Spur. Die Luft ist klar und frisch, der Himmel wolkenlos. Dunst schwebt in der Luft, zart wie ein Schleier. Er lässt alle Kontraste verschwimmen und verleiht der Landschaft eine Sanftheit, als würde ich durch einen Weichfilter blicken.

Das Abendlicht vergoldet die Wipfel der Bäume, bevor sich die Sonne schließlich endgültig hinter den Horizont verabschiedet. Das Laub hat bereits begonnen, seine Farbe zu wandeln und kündigt damit das Einsetzen des Herbstes an. Erste Blätter rascheln unter unseren Füßen. Es ist September, mein Lieblingsmonat. Die Zeit herrlicher Spätsommertage und kühler Nächte, der Pilzexkursionen, Obsternten und Sonnenblumen – und die Brunftzeit der Rothirsche. Das Röhren wird lauter. Wir nähern uns unserem Ziel, ein Balzplatz in der Südheide. Hinter der nächsten Kurve stehen sie. Eine Ansammlung von geschätzt vierzig Tieren, in der Mehrzahl Weibchen. Einzig die Männer tragen Geweihe und sind daran leicht zu erkennen.

Der Kopfschmuck dient nur einem Zweck, dem Kampf um die Position des Platzhirsches. Aus der Entfernung und getarnt durch die Büsche beobachten wir das Treiben auf der Wiese am Waldsaum. Die Hirschkühe stehen am Rand des Geschehens und scheinen es uns gleichzutun. Im Vordergrund steht ein Hirsch mit ausladendem Geweih. Den Hals vorgestreckt, schreit er aus voller Kehle. Es klingt laut und bedrohlich. Ob allein der Ruf ausreicht, um bei seinen Konkurrenten eine Gänsehaut zu verursachen und diese in die Flucht zu schlagen? Die Frage beantwortet sich sogleich. Ein zweites Tier erscheint auf der Bildfläche und erhebt Anspruch auf die Vorherrschaft. Es kommt zur Auseinandersetzung unter Einsatz der Stirnwaffen.

## König der Wälder und Wiesen

Ab Anfang September bis Mitte Oktober – im Hochgebirge etwas später – können wir die Brunftrufe der Rothirsche vernehmen. Sie sind Bestandteil des Paarungsverhaltens, ertönen beim Zusammentreiben der Hirschkühe und dienen dem Imponiergehabe zur Verteidigung des Harems gegen Rivalen. Da wird geröhrt, gegrunzt, gebrummt und geblökt, was das Zeug hält, das Geweih in den Boden gestoßen und Erde aufgewühlt. Häufig reicht dieses Spektakel aus, um Gegner zu vertreiben. Ebenbürtige Hirsche stellen sich dem Kampf. Sie stolzieren erhobenen Hauptes nebeneinander her, präsentieren ihre Breitseite und versuchen auf diese Weise, den anderen zu beeindrucken und zur Aufgabe zu zwingen. Im letzten Schritt kommt es zum Körperkontakt. Mit ineinander verhakten Geweihen schieben sich die Kontrahenten über die Arena, bis der Unterlegene schließlich kapituliert. Eine kräftezehrende Periode. Während dieser Zeit können die Tiere bis zu zwanzig Prozent ihres Gewichts verlieren.

Der Rothirsch ist nach dem Wisent das größte heimische Landsäugetier in freier Wildbahn. Er zählt wie der Damhirsch und das Reh zur Familie der Hirsche. Sein Haarkleid schimmert im Sommer rötlich. Die Wintergarderobe besteht aus einem gedeckten Graubraun, manchmal mit einem Stich ins Gelbe. Junge Kälber sind im ersten Lebensjahr rotbraun mit weißen Flecken. Das Geweih besteht aus Knochengewebe und ist bei älteren Männchen weit verzweigt. Jedes Jahr am Ende des Winters, zu Beginn des Frühlings wird es abgeworfen und kurz darauf neu gebildet. Seine Stärke und die Zahl der Verzweigungen sind abhängig vom Alter, der Ernährung sowie dem Gesundheitszustand der Tiere, mehr als zwanzig Enden sind selten. Hirsche, bei denen die Geweihbildung unterbleibt, werden als Mönche bezeichnet. Die kleineren Damhirsche besitzen hingegen ein Schaufelgeweih. Ihr Sommerfell ist hellbraun und häufig weiß gepunktet. Das Reh ist die kleinste Hirschart. Sein Geweih besteht aus zwei Stangen mit jeweils drei Enden und ist insgesamt fünfzehn bis zwanzig Zentimeter lang.

Außerhalb der Brunftzeit herrscht Geschlechtertrennung: Die Männchen und die Weibchen mit dem Nachwuchs bleiben jeweils in Rudeln unter sich. Alte Herren streifen meistens als Einzelgänger durch die Gegend. Ihr Lebensraum umfasst sowohl strukturreiche Wälder mit Lichtungen oder Kahlschlägen als auch Offenlandschaften wie Wiesen, Heiden und

Moore. Dort können wir die Herden rund um die Uhr beim Äsen antreffen, denn sie sind tag- und nachtaktiv mit einem Schwerpunkt auf der Abenddämmerung. Gespeist wird vegetarisch. Das Menü beinhaltet Gräser und andere krautige Pflanzen, Blätter, Triebe, Knospen, junge Zweige, Wurzeln, Knollen, Pilze, Flechten, Nüsse, Beeren, Sammelfrüchte oder Rinde. Diese wird in Streifen von Laub- und Nadelbäumen geschält. Deshalb sind Rothirsche als Baumschädlinge verschrien.

Ursprünglich wechselten die Tiere zwischen Sommer- und Wintergebieten. Aufgrund der dichten Besiedelung und forstwirtschaftlicher Interessen wurden sie mehr und mehr in isolierte Wälder zurückgedrängt. Rothirsche dürfen in vielen Bundesländern nur in gesetzlich ausgewiesenen Rotwildbezirken leben. Außerhalb dieser Zonen gilt ein strenges Abschussgebot. Wanderungen und die Mischung der Populationen untereinander sind nahezu unmöglich geworden.

## *Büschelschwanz und Dreiecksohren*

„Ein Fuchs, ein Fuchs!“, aufgeregt schreien alle durcheinander. Die Sichtung eines Wildtieres ist für mich und meine Kinder immer eine Sensation, insbesondere wenn es sich um einen vornehmlich nachtaktiven Gesellen wie den Rotfuchs handelt. Mittlerweile ist es dunkel geworden und wir sind auf dem Rückweg nach Hause. Ein Büschelschwanz mit weißer Spitze, das Fell oberseits orangerot und unterseits weißlich, lange Schnauze und Dreiecksohren – im Licht der Autoscheinwerfer gibt sich Meister Reineke deutlich zu erkennen. Für wenige Meter stromert er noch die Straße am Rand der Wiese entlang, dann verschwindet das Tier auf Nimmerwiedersehen im hohen Gras.

Rotfüchse sind ausgesprochen anpassungsfähig und leben in allen Biotopen: von den Salzwiesen an der Meeresküste über unsere Wälder, Mosaik- und Offenlandschaften bis zu den Matten im Hochgebirge. Als Kulturfolger haben sie auch unsere Dörfer und Städte erobert. Das durfte ich eines Nachts selbst erleben, als mir beim Marsch nach Hause mitten im Dorf ein Exemplar über den Weg lief. Scheinbar seelenruhig kreuzte er die Fußgängerallee, so wie zuvor unzählige Hauskatzen.

*Rotfuchs*

In der Regel gehen Rotfüchse allein auf Beutefang und fressen dann alles, was ihnen vor die Schnauze kommt. Die Küche ist regional und saisonal. Neben Kleinsäugern aller Art stehen Regenwürmer und andere Wirbellose, Früchte oder Aas auf der Speisekarte – einschließlich der viel besungenen Gänse sowie Haushühner und Hausenten. Je kalorienreicher und je leichter zu erbeuten, desto besser. Gelegentlich können wir Füchsen auch am Tag begegnen. Frisch gemähte oder kurzrasige Flächen eignen sich für die Beobachtung am besten. Dort setzen sie ihrer Lieblingsspeise nach: Feldmäuse. Einmal geortet, wird zu einem gezielten Sprung angesetzt. Mit allen vier Beinen hebt der Jäger gleichzeitig ab, um den Bruchteil einer Sekunde später auf seinem Opfer zu landen – so der Plan. Manchmal liegt er mit seiner Berechnung falsch und der Leckerbissen entkommt. Des einen Pech, des anderen Glück! Nur wer im Mathematikunterricht gut aufgepasst hat, kann später mit vollem Magen in den Bau krabbeln.

## Hase oder Kaninchen?

Die Wiese im Park gleicht einem Emmentaler – Löcher, so weit das Auge reicht – und es wimmelt von Langohren. Friedlich und ohne Scheu knabbern sie am Klee oder jagen spielerisch über das Grün. Wildkaninchen lieben die Geselligkeit. Sie leben ganzjährig in Großfamilien aus einem Männchen, mehreren Weibchen und ihrer Kinderschar. Ganz im Gegensatz zum Feldhasen, der sein Dasein lieber als Eigenbrötler fristet und außerhalb der Paarungszeit allein unterwegs ist. Beide bewohnen offenes bis halboffenes Gelände und sind überwiegend dämmerungs- oder nachtaktiv. Vegetarismus war bei ihnen schon immer Trend. Dementsprechend ernähren sie sich von allem, was die Pflanzenwelt an Köstlichkeiten zu bieten hat: Blätter, Blüten, Knospen, Knollen, Wurzeln, Früchte, Pilze und Baumrinde.

Weitverzweigte unterirdische Bauten bis in drei Meter Tiefe sind das Zuhause der Kaninchen. Hier ziehen sie ihre Jungen groß, verbringen die Ruhezeiten oder verbergen sich vor ihren Feinden. Droht Gefahr, wird laut

*Im Vergleich: Wildkaninchen (links) und Feldhase (rechts)*

und weithin hörbar getrommelt. Der Boden dient als Schwingungsmembran, die Hinterbeine als Schlägel. Derart gewarnt, verschwindet die Mannschaft je nach Dringlichkeit hoppelnd oder in zügigem Kurzstreckenlauf im Untergrund. Verfolger schütteln sie durch das Schlagen von Haken ab.

Feldhasen graben sich lediglich eine Mulde in Ackerfurchen, Grabenränder, Wiesen oder unter lichtes Gebüsch – die Sasse. Sie dient als Ruheplatz und Rückzugsort in der Not. Dort liegen sie und schlafen oder warten mit geöffneten Augen, bis die Luft wieder rein ist. Flach an den Boden gedrückt und mit eng angelegten Ohren. Nähert sich ein Feind, ergreifen sie erst im letzten Augenblick die Flucht. Dann können sie kurzzeitig eine Laufgeschwindigkeit von siebzig Stundenkilometern erreichen, bis zu zwei Meter hoch und 2,7 Meter weit springen.

Kaninchen haben einen rundlichen Kopf mit stets aufgestellten Ohren. Sie sind insgesamt deutlich kleiner und zierlicher als Feldhasen. Diese fallen im Vergleich durch ihre Größe, den schlanken Körperbau mit der länglichen Schnauze und die kräftigen, langen Hinterläufe auf. Im Zweifelsfall können wir die Ohren gedanklich nach vorne an den Schädel klappen: Die Lauscher der Feldhasen überragen die Nasenspitze, jene der Kaninchen enden davor.

## *Räuber im Miniformat*

Zwischen dreizehn und sechsundzwanzig Zentimeter lang, schlank und gestreckt, noch dazu agil und äußert wendig – ideale Vorraussetzungen für die unterirdische Verfolgungsjagd von Feldmäusen oder Wildkaninchen. Mit seinem Körperbau passt das Mauswiesel durch jedes Mauseloch. Es ist eines der kleinsten Raubtiere überhaupt und erbeutet bevorzugt Kleinsäuger bis Kaninchengröße, außerdem Kriechtiere, Lurche, Insekten, Vögel und Eier. Bis in Höhen von dreitausend Metern werden nahezu alle Lebensräume bevölkert und manchmal taucht das „Hermännchen“ dort auf, wo wir am wenigsten mit ihm rechnen.

Nach einer Wattwanderung haben wir es uns soeben am Strand von Duhnen in Cuxhaven gemütlich gemacht und knabbern Kekse, als urplötzlich ein braun-weißes Tier mit Knopfaugen auf der Bildfläche erscheint. Wenige Meter entfernt wuselt es völlig entspannt zwischen Sand und Gras

*Mauswiesel*

umher, ist mal offen zu sehen und dann wieder verborgen. Offenbar fühlt sich unser Besucher vollkommen sicher und unbeobachtet. Schließlich hüpft er über die angrenzende Salzwiese auf und davon.

Mauswiesel oder Hermelin? Anhand der Winzigkeit war sofort klar, dass uns hier ein Mauswiesel die Ehre gegeben hatte. Das Hermelin ist sichtbar größer. Außerdem verläuft bei ihm der Übergang von der weißen Unterseite zur braunen Oberseite gerade statt gezackt und es hat eine schwarze Schwanzspitze. Mauswiesel-Beobachtungen sind eine Besonderheit. Bis zu diesem Tage hatte ich die Miniräuber immer nur kurz vorbeihuschen sehen, meistens beim Überqueren eines Feldweges von einer Wiese zur nächsten. Zum Glück sind sie sowohl bei Tage als auch in der Nacht aktiv, sonst würden wir ihnen wohl noch viel seltener begegnen.

## Stachelkugel in Wartestellung

Gemütlich sitze ich nach Einbruch der Dunkelheit auf meiner Baumbank und lasse den Tag ausklingen, als ein Schnaufen und Schmatzen die Stille durchbricht. Im Gestrüpp unter den Heckenrosen raschelt und knistert es. Kurz darauf tritt eine Stachelkugel mit schwarzer Nasenspitze ins Mondlicht und strebt schnüffelnd auf mich zu – oder vielleicht doch eher auf die

Falläpfel zu meinen Füßen? Auf Rasenflächen in naturnahen Friedhöfen, Parkanlagen und Gärten stöbert mit Beginn der Abenddämmerung bis zum Morgengrauen der Igel – offiziell Braunbrustigel oder Westigel genannt – nach Fressbarem: Regenwürmer, Schnecken, Tausendfüssler, Spinnen, Käfer, Froschlurche, Eidechsen, Schlangen, Mäuse und Jungvögel. Hauptsache Fleischkost! Am Boden liegendes Obst wird nach Insekten abgesucht. Er gilt als Kulturfolger und gehört daher zu denjenigen Nachtschwärmern, die wir am häufigsten entdecken können.

Oftmals machen die Tiere zuerst durch ihre Geräusche auf sich aufmerksam, speziell zur Paarungszeit geht es laut zu – und rund. Während des „Igelkarussells" umkreist das Männchen seine Angebetete und stupst sie in die Seite. Diese wendet ihm die Kehrseite zu und weist die Streicheleinheiten zunächst vehement ab. Mit aufgestellten Stacheln und unter Fauchen stößt sie den Zudringling immer wieder weg. Mitunter dauert es Stunden, bevor das Weibchen sich erweichen lässt und es zur Begattung kommt.

Hilfreich für die Beobachtung ist auch, dass Igel bei Annäherung meistens stehen bleiben und sich eventuell noch zusammenrollen, anstatt wegzulaufen. Das Stachelkleid verleiht ihnen ein Gefühl der Sicherheit. Welcher Feind würde sich da noch herantrauen? Dann hilft Ruhe, Gelassenheit

*Braunbrustigel*

und Abwarten, bis sich die Eingeigelten wieder entigeln und weitertapsen. Falls es doch einmal zur Flucht kommt, können wir in der Regel problemlos mit ihnen Schritt halten – bis zum nächsten Dickicht oder Zaun.

Je wilder und unordentlicher desto besser! Igel lieben ein Durcheinander aus Brachflächen, Wiesen, Weiden, Wegrändern, Feldgehölzen, Hecken, Gebüschen oder Waldrändern mit dichtem Unterholz, Totholzhaufen und Laubansammlungen. Kunterbunt und abenteuerlich. Wer Mecki auf den eigenen Rasen locken möchte, braucht sich lediglich gemütlich in der Gartenliege zurücklehnen und zuschauen – vorausgesetzt, es gibt zumindest einige Gehölze und ungestörte Ecken. Mit der Zeit wird Mutter Natur die Regie übernehmen und die nötigen Strukturen schaffen. Eines Tages zieht er dann ein und befreit die Gemüsebeete von den Schnecken – so war es bei uns.

## *Sehen mit den Ohren*

Solch ein Gartenwiesenparadies zieht auch Fledermäuse unwiderstehlich an, denn hier gibt es Nahrung in Hülle und Fülle. Mit Einbruch der Dämmerung erscheinen die ersten der Nachtjäger am Himmel über unserer Wildnis. Sie wirken winzig. Vielleicht handelt es sich um Zwergfledermäuse? Fünfundzwanzig Arten gibt es in Deutschland. Ihre Bestimmung im Flug erfordert Expertenwissen und einen Ultraschallempfänger, den Bat-Detektor. Daher kann ich über die Identität unserer Besucher nur mutmaßen.

Unsere heimischen Fledermäuse ernähren sich überwiegend von Insekten. Die Jagdlebensräume liegen naturgemäß überall dort, wo ihre Beutetiere vermehrt vorkommen: über strukturreichen, extensiv bewirtschafteten Offenlandschaften, Wäldern und Gewässern sowie im menschlichen Siedlungsraum, je nach Art mit Präferenz für das eine oder andere Biotop.

Um sich im Dunkeln orientieren und Beute orten zu können, stoßen sie ständig Rufe aus und warten auf die Antwort. Für uns Menschen scheint die Jagd in der Luft indessen mucksmäuschenstill vonstatten zu gehen, denn die meisten ihrer Klänge sind sehr hoch und liegen außerhalb unserer Wahrnehmungsfähigkeit im Ultraschallbereich.

Ihre Laute bewegen sich wie alle Töne als Schallwellen durch den Raum und werden von Objekten zurückgeworfen. Wer schon einmal gellend in eine Höhle oder Schlucht hineingeschrieen hat, kennt den Effekt. Unser

*Graues Langohr*

„Haaaallooo!“ kommt zeitversetzt zu uns zurück. Fledermäuse empfangen die Reflexionen ihrer Rufe und können anhand der Zeitdauer bis zum Eintreffen des Echos ausrechnen, wie weit ein Objekt entfernt ist, bei Lebewesen auch die Geschwindigkeit und die Richtung, in welche jenes fliegt oder läuft. Sie wandeln demnach Geräuschsignale in Bilder um und sehen mit den Ohren.

## *Zwei Cent auf einem Daumen*

Den Titel der kleinsten heimischen Fledermaus trägt die Mückenfledermaus, dicht gefolgt von der Zwergfledermaus. Die beiden sehen sich zum Verwechseln ähnlich und gelten als Zwillingsarten, die mit Sicherheit allein an der höheren Tonlage ihrer Ultraschalllaute unterschieden werden können. Im Durchschnitt ist die Mückenfledermaus etwas kleiner und leichter. Ihre Flügelspannweite beträgt neunzehn bis dreiundzwanzig Zentimeter – etwa so viel wie ein Haussperling – und sie bringt nur drei bis sechs Gramm auf die Waage. Zum Vergleich: Eine Zwei-Cent-Münze wiegt 3,06 Gramm. Mit angelegten Flügeln könnte dieses Leichtgewicht bequem und nahezu unbemerkt auf meinem Daumen liegen. Während Mückenfledermäuse offenbar Waldgebiete und Gewässer bevorzugen, jagen Zwergfledermäuse regelmäßiger auch über Gärten oder Parks und gerne in der Nähe von Straßenlaternen. Sie käme daher als Essensgast infrage.

Am anderen Ende der Skala steht mit bis zu dreiundvierzig Zentimeter Flügelspannweite und rund 7,4 Zentimeter Länge vom Kopf bis zum Rumpf das Große Mausohr, unsere größte Fledermausart. Auffällig sind seine großen und breiten Ohren von etwa drei Zentimeter Länge. Diese sind beim Grauen Langohr mit bis zu vier Zentimetern und einer durchschnittlichen Körpergröße von fünf Zentimeter sogar noch imposanter. Beide gehören bei uns zu den typischen Hausfledermäusen, die ihre Sommerquartiere zur Aufzucht der Jungtiere in Dachböden oder anderen Gebäudeteilen anlegen. Waldfledermäuse wie die Abendsegler nutzen Spechtbauten, Baumlöcher oder Rindenspalten, und Höhlenfledermäuse wie die Alpenfledermaus ziehen sich in Naturhöhlen, Stollen oder Felsspalten zurück. Viele Arten sind flexibel und nutzen je nach Angebot sowohl Baum- oder Felshöhlen als auch Gebäudespalten. Als Winterquartiere werden überwiegend Felshöhlen und Stollen aufgesucht.

Langohrfledermäuse können ihre Ortungsrufe auch bei geschlossenem Maul durch die Nase abgeben, besser gesagt ihr Ortungsflüstern, denn sie äußern sich sehr leise. Das erklärt die Riesenohren! Ihr Wispern liegt bei fünfzig Kilohertz und damit im Hörbereich des Menschen. Zwei Arten gibt es bei uns, beide lieben die Wärme: Wälder, Parks und Gärten sind das Revier des Braunen Langohrs. Das Graue Langohr nutzt zur Nahrungssuche artenreiche Kulturlandschaften mit Hecken, Streuobstgärten, Magerwiesen und Brachflächen oder ist im Siedlungsbereich rund um unsere Häuser unterwegs. Seine Lieblingsspeise sind Nachtfalter und fliegende Käfer bis zur Größe von Maikäfern. Rückwärts oder im Rüttelflug auf der Stelle – die Flugkünstler mit den Fallschirmohren sammeln ihre Beutetiere auch von den Blättern der Büsche und Bäume ab. Aufgrund der Bremswirkung ihrer Lauscher sowie der kurzen und breiten Flügel zählen sie zu den Langsamfliegern.

*Feldmaus*

# MÄUSE UND IHRE VERWANDTEN – KLEINSÄUGER MIT BEISSKRAFT

WIR SITZEN SPÄTABENDS NACH DEM ESSEN gemütlich im Garten meiner Eltern, als Flora auf der Bildfläche erscheint. Offenbar ist sie frisch von einem Beutezug zurückgekehrt. Jetzt beginnt das Spiel mit der Mahlzeit. Vermutlich befriedigen unsere futterverwöhnten, übersättigten Stubentiger mit diesem Verhalten ihren Jagdtrieb und reagieren überschüssige Energie ab. Vielleicht üben sie auf diese Weise auch einfach das Jagen und Fangen. Zudem mag der tödliche Nackenbiss bei einer erschöpften Maus leichter durchzuführen sein, als bei einem quietschfidelen und putzmunteren Tier.

Wiederholt lässt die Katze ihr Opfer los und ein paar Zentimeter über die Rasenfläche flüchten, schleicht dann flach über den Boden kriechend hinterher und fängt es mit einem Satz wieder ein. Blitzschnell und zielgenau. Mit meinen beiden ältesten Jungs stehe ich fasziniert dabei. Rund fünf Minuten dauert das Spektakel. „Knacks!" Das leise Geräusch ist unmissverständlich. Der Jüngste betritt just in diesem Moment die Szene, den Bruchteil einer Sekunde zu spät. Die Vorhänge sind gefallen. Gerade hat die Jägerin den letzten, alles entscheidenden Sprung vollzogen, den Nacken hörbar gebrochen und die Maus gnadenlos verspeist. Das Schauspiel ist zu Ende!

Begegnungen mit Mäusen und ihren Verwandten sind so zahlreich wie die Tiere selbst. Mein Erinnerungsschatz ist voller Bilder und Anekdoten. Oftmals handelt es sich nur um Augenblicke, ein Vorbeihuschen. Zuweilen fühlen sie sich sicher und können bei ihrem Treiben am Boden ausgiebig beobachtet werden. Auf Streifgängen durch die Feldmark, über Wiesen und Weiden wieseln mir immer wieder Feldmäuse vor die Füße. Kaum entdeckt, sind sie meistens schon wieder über alle Berge und in ihren Löchern oder im Gras verschwunden. Im Garten flitzen Spitzmäuse über den Rasen Richtung Komposthaufen, um Schnecken zu stibitzen. Eine Zeitlang durchstöberten Brandmäuse unseren Müll und konnten in den Plastiksäcken wunderbar betrachtet werden. Gelegentlich entwischt eine Hausmaus in die Küche oder den Keller und eine Lebendfalle kommt zum Einsatz. Speziell in Massenvermehrungsjahren gibt es auf Wiesen regelrechte Autobahnen, auf denen die Vierbeiner entlangsausen – beäugt von allen Seiten. Sie gelten bei vielen Jägern als Leckerbissen. Regelmäßig sehe ich durch mein Fernglas die leblosen Körper der Kleinsäuger in den Fängen von Turmfalken oder Mäusebussarden, Weißstörchen oder Graureihern und mitunter zwischen den Zähnen einer Hauskatze.

## *Wachstum ohne Unterlass*

Unter dem Begriff „Maus“ verbirgt sich eine Reihe von Arten unterschiedlicher Verwandtschaft mit ähnlichem Erscheinungsbild. Die meisten zählen zu den Nagetieren, der mit Abstand größten Ordnung der Säugetiere. Ihr Erkennungszeichen sind vier Nagezähne, jeweils zwei im Ober- und im Unterkiefer, welche von einer dicken Schmelzschicht ummantelt sind und kontinuierlich nachwachsen. Eine Anpassung an die Lebensweise, denn beim Abraspeln von Holz, Aufbrechen hartschaliger Nahrung wie dem Nüsseknacken oder Lockern des Erdreichs im Zuge des Grabens einer Behausung nutzen sie sich beständig ab. Ihre Farbe ist gelblich oder rötlich. Nagetiere haben einen sehr guten Geruchssinn und sind in erster Linie Pflanzenfresser. Ihr Zuhause liegt im Verborgenen. Sie leben in Bauten unter der Erde oder in Nestern und sind bis auf wenige Ausnahmen überwiegend nachtaktiv.

Innerhalb der Nagetiere wird die Haselmaus gemeinsam mit dem Siebenschläfer, dem Eichhörnchen und dem Alpen-Murmeltier in die Unterordnung der Hörnchenverwandten eingereiht. Die Familie Birkenmäuse mit der Waldbirkenmaus, die Familie Wühler mit dem Feldhamster, der Feldmaus, der Ostschermaus, der Rötelmaus und der Bisamratte sowie die Familie Echte Mäuse mit der Zwergmaus, der Brandmaus, der Hausmaus, der Haus- und der Wanderratte als Mitglieder sind Angehörige der Unterordnung Mäuseverwandte.

Ein längliches und spitz zulaufendes Schnäuzchen mit einer rüsselartigen Nase deutet auf eine Spitzmaus. Neun Arten gibt es in Deutschland. Sie alle besitzen nadelspitze Zahnhöcker mit scharfen Schmelzleisten und sind damit bestens ausgerüstet, um auf die Jagd zu gehen. Ihre Beute: Insekten und deren Larven, Regenwürmer und andere Kleintiere. Vegetarische Kost wird nur selten aufgetischt. Innerhalb der Systematik der Säugetiere gehören die Spitzmäuse daher zur Ordnung der Insektenfresser, ebenso wie Maulwürfe und Igel. Beim Wettlauf des Hasen mit dem Igel drücken demgemäß alle Spitzmäuse dem Stacheltier die Daumen, während die Wühler und Echten Mäuse das Langohr mit den Nagezähnen anfeuern – Blut ist dicker als Wasser!

## *Giftzwerge und Karawanenführer*

Der Biss einer Spitzmaus kann auch für uns Menschen äußerst schmerzhaft sein, vor allem wenn der Übeltäter Sumpfspitzmaus oder Wasserspitzmaus heißt. Beide zählen zu den wenigen Säugern, die toxisch sind. Sie produzieren in der Unterkieferspeicheldrüse ein Gift, das bei Beutetieren bis zur Größe eines Kleinsäugers tödlich wirkt. Ihr Lebensraum umfasst naturnahe Uferbereiche von Gewässern, nasse Wälder und Wiesen. Dort jagen sie von der Köcherfliegenlarve über Fischchen bis zum Kleinvogel alles, was ihnen vor die Schnauze kommt, sowohl unter oder über Wasser als auch an Land.

Wer sich ein wenig vom Ufer entfernt und lieber auf den trockenen Wiesen in der Feldmark, am Waldrand, in Parkanlagen oder Gärten unterwegs ist, kann darüber hinaus mit Wald-, Zwerg-, Schabracken-, Feld-, Garten- oder Hausspitzmäusen rechnen. Sie alle sind bezüglich ihres Wohnortes anpassungsfähig und weit verbreitet. Auf Almen und alpinen Matten lohnt es sich, nach der Alpenspitzmaus Ausschau zu halten. Eine Seltenheit im dunkelgrauschwarzen Pelzmantel, der am Bauch leicht aufgehellt ist. Typisch ist ihr langer Schwanz, der nach vorne gelegt bis zu ihrer Nasenspitze reichen würde.

Die Feldspitzmaus ist deutlich zweifarbig mit einer scharfen Trennlinie: oben graubraun bis grauschwarz, unten weiß. Ein fließender Übergang verweist auf eine Hausspitzmaus oder eine Gartenspitzmaus. Beide sehen sich zum Verwechseln ähnlich. Da sich ihre Verbreitungsgebiete kaum überschneiden, können wir im Westen sowie in der Mitte Deutschlands von der Hausspitzmaus und im Osten von der Gartenspitzmaus ausgehen. Alle drei

*Feldspitzmaus*

fehlen im Norden. Sie bewohnen Offenlandschaften, bei uns überwiegend in unmittelbarer Umgebung oder innerhalb der Siedlungen. An ihren Schwänzen wachsen lange und einzeln stehende Wimpernhaare, neben den weißen Zähnen ein Charakteristikum der Gattung Wimper- oder Weißzahnspitzmäuse. Die übrigen sechs heimischen Arten zählen zu den Rotzahnspitzmäusen mit roten oder gelblichen Zahnspitzen.

Wer Glück hat, kann die Wanderung einer Wimperspitzmauskarawane im Gras verfolgen. Bei Störungen und Beunruhigungen führt die Mutter ihren Nachwuchs unvermittelt aus der Gefahrenzone. Ein Junges verbeißt sich in ihre Schwanzwurzel. Die Geschwister folgen. Nacheinander bohren sie ihre Zähne jeweils in das Hinterteil des Vordertieres. Noch ein wenig Musik dazu und der Zug könnte beim Kölner Karneval als „Mäusefänger von Hameln" durch den Saal schunkeln. Felsenfest und unzertrennlich.

## *Mäusestraßen*

Sind auf meiner Lieblingswiese Feldmäuse zu Hause? Wer dieser Frage nachgehen möchte, braucht lediglich die Beine im Gras auszustrecken, sich mucksmäuschenstill zu verhalten, abzuwarten und Tee zu trinken, vorzugsweise am Spätnachmittag oder Abend. Am einfachsten gelingt des Rätsels Lösung, wenn die Grünfläche trocken, locker bewachsen und kurzrasig ist. Hat eine Kolonie der Nager dieses Territorium für sich erobert, wird nach einer Weile der erste Bewohner über den Boden huschen, um von Portal A

*Kurzohrmaus*

zu Portal B oder C zu huschen. Feldmaus-Siedlungen sind unterirdisch von einem weit verzweigten Gangsystem durchzogen. Oberirdische Straßen führen kreuz und quer zu den Eingangslöchern ihrer Mitbürger.

Die Reviergröße ist variabel und hängt von der Populationsdichte ab: je dichter, desto kleiner. Weibchen bilden mit ihrem Nachwuchs Familienverbände mit anderen Müttern, die sich in gering besiedelten Regionen nach rund drei Wochen wieder auflösen. Ist der Bestand hoch, gehen die Tiere zu einer sozialen Lebensweise mit gemeinsamer Brutpflege über. Damit wird die Überlebensrate ihrer Kinder und der Nachkommenschaft insgesamt erhöht. Männchen sind ganzjährig Einzelgänger.

Die Feldmaus ist die häufigste Wühlmaus. Sie bevorzugt trockene Böden in der offenen Kulturlandschaft und meidet dichte Wälder. Bei einem Familientreffen mit ihren engsten Verwandten Erdmaus, Sumpfmaus und Kurzohrmaus hätten die meisten von uns Schwierigkeiten, ihre Identität zu erraten. Die vier gleichen sich äußerlich auch auf den zweiten Blick bis aufs Haar. Klein, braun und kurzschwänzig mit Miniohren, die im Fell verborgen sind. Wer es genau wissen möchte, schaut ihnen in den Mund, auf die Brust oder unter die Hinterfüße. Das Aussehen von Kiefer und Zähnen sowie die Anzahl der Zitzen und der Sohlenschwielen machen den Unterschied.

Huscht ein Minifellbüschel durch die Hochgräser extensiv bewirtschafteter Wiesen und Weiden oder durch die Krautschicht am Waldrand, könnte es sich um eine Kurzohrmaus handeln, unsere kleinste Wühlmaus. Auffällig sind ihre winzigen Äuglein und Öhrchen. Der Körper wirkt gedrungen und kugelig. Sie liebt es feucht und deckungsreich. Deshalb verlaufen ihre Mäusestraßen unterhalb der Vegetation, in der obersten Bodenschicht oder zwischen Gesteinsspalten. Gut geschützt und verborgen. Erdmäuse sind im Durchschnitt etwas größer als Feldmäuse. Sie laufen oder schwimmen durch Nasswiesen, Moore, Sümpfe und Waldlichtungen mit üppigem Pflanzenbewuchs. Ihre Gänge und Nester werden häufig oberirdisch angelegt, je nach Feuchte des Untergrunds.

## *Bett im Kornfeld*

Buntgescheckter Mantel, Stummelschwanz und Backentaschen – die Rede ist vom Feldhamster. Meine früheste Erinnerung an ihn stammt aus der Zeit kurz nach dem Fall der Mauer. Damals hatte ich gerade mit der Vogelbeobachtung angefangen und besuchte regelmäßig ein Waldgebiet in Sachsen-Anhalt, um Greifvögel zu beobachten. Insbesondere der Rotmilan brütete dort in außergewöhnlich hoher Dichte – aus gutem Grund. Das Nahrungsangebot an Kleinsäugern war reichhaltig und eines Tages hoppelte mir dann auch tatsächlich mein erster Feldhamster vor die Fernglaslinse, klassisch gefärbt und mit abstehenden Ohren.

*Feldhamster*

Der tiefgreifende Strukturwandel aufgrund der Intensivierung der Landwirtschaft führte die schon zuvor im Rückgang befindliche Population seit Anfang der Neunzigerjahre des letzten Jahrhunderts fast in den völligen Zusammenbruch. In der Folge nahmen auch die Bestände von Beutegreifern wie dem Rotmilan und anderer Greifvögel ab. Mittlerweile sind Feldhamster bei uns sehr selten und gelten weltweit als vom Aussterben bedroht. Wer einen Hamster in Deutschland sehen möchte, sucht am besten in der Mitte Deutschlands. Die Hamsterhochburg ist Sachsen-Anhalt, hier gibt es die flächenmäßig größten Vorkommen.

Ursprünglich war der Feldhamster ein Bewohner der Steppen Osteuropas. Von dort breitete er sich als Kulturfolger nach Westeuropa aus, um offene Ackerlandschaften auf Löss- und Lehmböden sowie Brachen, Ruderalflächen, Randstreifen oder Gärten zu erobern. Je struktur- und artenreicher, desto besser. Getreide ist ihm am liebsten. Bis zur Ernte liegt sein Bett in einem unterirdischen Bau mitten im Kornfeld, von außen durch die im Durchmesser fünf bis acht Zentimeter großen Eingangslöcher erkennbar. Der Privatbereich wird mit einem Drüsensekret markiert und gegen Artgenossen beiderlei Geschlechts verteidigt, denn Feldhamster bevorzugen das Leben als Single. Nachdem die Mähdrescher abgezogen sind, fehlen Deckung und Nahrung. Ein Umzug in die Nachbarschaft wird nötig. Im Herbst stopfen sie ihre Backentaschen mit Körnern und Samen voll, um diese als Vorräte für den Winter in der Speisekammer einzulagern: bis zu fünfzig Gramm pro Sammelrunde. Zwischen Oktober und März ist dann erst mal Schlafenszeit mit zweiwöchentlichen Essenspausen und Toilettengängen.

*Europäischer Maulwurf*

# DER MAULWURF UND SEINE BEUTE – LEBEN IM KELLERGESCHOSS

KRTEČEK – der kleine Maulwurf und seine Erlebnisse begleiteten mich durch die Kindheit. Wie habe ich ihn geliebt! Zu Anfang jeder Geschichte grub sich das Kerlchen mit der roten Nase aus den Tiefen der Erde an die Oberfläche und kletterte aus seinem Maulwurfshaufen. Dann begann das Abenteuer. Einmal rettete er das Blumenbeet auf seiner Wiese vor dem Bulldozer, ein anderes Mal befreite er gemeinsam mit der Maus den Igel aus der Gefangenschaft der Menschen. Einfallsreich und humorvoll. Die Episoden der tschechischen Zeichentrickserie liefen als Abendgruß in der Sendung „Unser Sandmännchen" im Fernsehen der DDR, unser Ritual zwischen Zähneputzen und Zubettgehen. In unserem Dorf vor den Toren von Hannover konnten wir die Programme des Arbeiter- und Bauernstaates problemlos empfangen. Weiterhin waren die Folgen Bestandteil der „Sendung mit der Maus" – und sind es bis heute.

In der Realität zeigen sich Europäische Maulwürfe nur selten im Licht von Sonne und Mond, seien sie nun tschechischer oder deutscher Herkunft. Ihr Leben findet im Kellergeschoß unserer Laubwälder und Brachen, Wiesen und Weiden oder Parkanlagen und Gärten statt. Bis in Höhenlagen von rund zweitausend Metern wagen sie sich vor; vorausgesetzt, der Boden ist tiefgründig und nahrungsreich. Ihnen auf die Spur zu kommen, ist denkbar einfach – die Tiere zu Gesicht zu bekommen, eine Herausforderung. Von Nord nach Süd und von West nach Ost hinterlassen sie ihre Markenzeichen. Maulwurfshaufen kennt mit Sicherheit jeder von uns. Sie sind auffällig und charakteristisch. Das ist unser Ansatzpunkt! Ein Rasen, der an eine Miniaturberglandschaft erinnert, eignet sich hervorragend als Beobachtungsposten. Hier verbirgt sich ganz offensichtlich ein ausgedehntes unterirdisches Reich. Jetzt braucht es lediglich drei Dinge: einen Klappstuhl, ein Fernglas und Geduld.

Steht der Maulwurf auf der Wunschliste, empfiehlt sich vor dem Zurücklehnen in die Kissen zur Sicherheit noch ein letzter kritischer Blick auf den Aushub. Ist dieser hoch, rundlich und kraterförmig mit einem Eingangsschacht in der Mitte, der senkrecht nach unten geht? Ostschermäuse hinterlassen ebenfalls Erdhaufen. Diese sind länglich, unregelmäßig und flach gestaltet, häufig mit Wurzeln oder Grashalmen durchsetzt und besitzen seitliche, schräg nach unten führende Eingangslöcher. Sobald die Sache klar ist, beginnt das Warten.

Der frischeste Auswurf zeigt an, wo sich zuletzt ein Pelztier aufgehalten hat. Wer die Kegel fixiert, wird früher oder später Zeuge der Entstehung eines neuen Minivulkans werden; immer dann, wenn beim Graben des Stollens ein weiterer Belüftungsschacht senkrecht nach oben angelegt und im Zuge dessen der Mutterboden wie Magma hochgeschoben wird. Ob sich der Verursacher der Erdumwälzung ebenfalls zeigen wird? Oftmals mag er es vorziehen, im Untergrund zu bleiben. Sicherer ist das allemal, denn hier draußen lauern außer uns Schaulustigen unter Umständen Lebensgefahren wie Weißstörche, Mäusebussarde, Waldkäuze, Wildschweine, Rotfüchse und Hauskatzen sowie Menschen, die sich an seinen Bauten stören oder Schäden an Wurzeln befürchten. Wildtierbeobachtungen erfordern neben Ausdauer und Langmut eben auch eine Portion Glück!

## *Samt und Seide*

Die Tiere graben ihre Gänge etwa zehn bis vierzig Zentimeter unterhalb der Oberfläche, je nach Bodenbeschaffenheit und Nahrungsreichtum manchmal weniger, manchmal mehr. Eiseskälte und Dürre vertreiben sie in Tiefen bis zu einem Meter. Generell wird die Aktivität im Winter eher nach unten verlegt. Daher eignet sich mit Ausnahme der Hitzeperioden die Zeit vom Frühling bis zum Herbst am besten für einen Ansitz. Wenige Male habe ich einen Maulwurf im Gras krabbeln sehen. Dort wirken die Kellerkinder tollpatschig und plump. Gleichzeitig sind sie hübsch anzusehen. Ihr Gewand glänzt silbrig schwarz und seidig. Es besteht aus Wollhaaren und ist weich wie Samt.

Wer schon einmal einen Hund oder eine Katze liebkost hat, kennt den Effekt. Das Fell kann nur von Kopf Richtung Schwanz glatt gestrichen werden. Fahren wir mit den Händen entgegengesetzt über ihre Körper, ist ein Widerstand zu spüren. Grund ist der Haarstrich: Die Haare treten schräg aus der Haut aus und sind in der Regel nach hinten gerichtet. Auf diese Weise schmiegen sich die Schutzmäntel der Tiere eng an den Körper. Wind und Wasser gleiten mit Leichtigkeit ab. Bei Maulwürfen sind die Haare dagegen gleichmäßig und diffus angeordnet: ein Pelz, der sich in jede beliebige Richtung streicheln lässt. Derart ausgestattet können die Wühler ganz ohne Haarwiderstand sowohl vorwärts als auch rückwärts durch ihre Stollen schlüpfen.

## *Hochsensibel*

Der kleine Maulwurf aus Tschechien hat stets einen Spaten im Gepäck. Diesen werden wir bei den Maulwürfen auf unserer Wiese vergeblich suchen. Stattdessen empfiehlt es sich, ihnen auf Hände und Füße zu schauen: Die Vordergliedmaßen sind zu Grabwerkzeugen mit schaufelförmiger Gestalt und langen Nägeln umgebildet, die Handflächen nach außen gerichtet. Die Hintergliedmaßen sind deutlich kleiner mit kürzeren Krallen. Ihr Schwanz ist kurz und abgeflacht. Er wird ähnlich wie ein Blindenstock zum Abklopfen des Weges eingesetzt. Praktischerweise entspricht dessen Länge dem Radius seiner Röhren.

Mit den Augen kann der Maulwurf lediglich hell und dunkel unterscheiden. Sie sind winzig klein und im Fell verborgen, ebenso wie die Ohren: gut geschützt vor Sandkörnern, Erdkrumen und Wurzelenden. Alternativ tastet, fühlt, riecht und hört er sich seinen Weg durchs Leben. Das Rüsselschnäuzchen besitzt hochempfindliche Sinneszellen und ist mit langen Tasthaaren ausgestattet, im Handwurzel- und Schwanzbereich sitzen ebenfalls Sinneshaare. Mit dem Maulwurf-Sensorsystem „Eimersches Organ“ an seiner Nase kann er Bodenerschütterungen und Muskelkontraktionen von Beutetieren oder Eindringlingen wahrnehmen. Es hat fünfmal so viele Nervenfasern wie unsere Hand. Zudem funktioniert auch sein Gehör ausgezeichnet. Alles in allem eine Ausstattung der Spitzenklasse für das Leben als Tunnelgräber und Raubtier unter Tage.

## Einzelgänger und Fleischfresser

Maulwürfe sind Einzelgänger, die Artgenossen vehement und aggressiv aus ihrem Territorium vertreiben. Überschneiden sich die Stollen, versuchen sich die Nachbarn in den Grenzbereichen aus dem Weg zu gehen und nutzen diese zeitversetzt. Das Revier wird mit Duftmarken abgegrenzt. Allein zur Paarungszeit kommen Männchen und Weibchen zusammen. Das Nest für die Jungen besteht aus Pflanzenmaterial und wird weich ausgepolstert. Es liegt gewöhnlich gut geschützt in einer Kammer unter der Erde. Zwischen Ende April und Anfang Juni kommt der Nachwuchs nackt und blind zur Welt. Die Geschwisterzahl schwankt zwischen zwei und sieben. Die Kleinen erinnern in Größe und Form an Bohnen. Nach rund drei Wochen ist ihr Fell ausgebildet und die Augen öffnen sich. Sie werden insgesamt bis zu sechs Wochen lang gesäugt und machen sich danach auf die Suche nach einem eigenen Revier.

Die Fleischfresser meiden Grünzeug jeder Art, Wurzeln und Knollen eingeschlossen. Ihr Speiseplan beinhaltet sämtliche Kellermitbewohner und Bodentiere bis zur Größe von Wühlmäusen. Mehrmals täglich gehen die Jäger in Gängen auf Patrouille, die eigens zu diesem Zweck angelegt wurden – als Fallen für Wirbellose. Alternativ stoßen sie beim Graben auf Beute oder jagen an der Oberfläche. Ihr täglicher Futterbedarf entspricht etwa der Hälfte ihres Körpergewichts. Je nach Geschlecht und Jahreszeit wiegt ein Individuum zwischen sechzig und einhundertdreißig Gramm. Im Winter zeigt die Waage weniger an und Weibchen sind meistens leichter als Männchen. Vorwiegend für den Winter werden Regenwürmer durch Bisse bewegungsunfähig gemacht und lebendig in der Speisekammer eingelagert. Gelegentlich können die Opfer abgebissene Körperteile rechtzeitig regenerieren und entkommen.

## Striche in der Landschaft

Sie leben im Untergrund und produzieren Dünger in Form von Kot – rege Würmer, die bei Starkregenfällen ihre Wohnröhren verlassen und an die Oberfläche kommen. Ob ihr Name auf die unermüdliche Grabtätigkeit und das ständige Fressen oder ihr Erscheinen bei Nässe zurückzuführen ist, scheint unklar. Fest steht, dass sich hinter dem Namen „Regenwurm“ ins-

*Gemeiner Regenwurm*

gesamt sechsundvierzig Arten in Deutschland verbergen. Striche in der Landschaft, die weder Augen noch Ohren besitzen und stumm sind. Dank Sehzellen in der Haut können sie zumindest hell und dunkel unterscheiden. Tastsinneszellen und Tastorgane helfen ihnen bei der Fortbewegung. Mit Drucksinneszellen und freien Nervenenden werden Erschütterungen wie die Grabaktivitäten von Maulwürfen oder das Regenprasseln wahrgenommen.

Regenwürmer bewegen sich mittels Muskelkontraktion durch abwechselndes Strecken und Verkürzen ihrer Körperabschnitte fort. Wer sie über ein Blatt Pergamentpapier kriechen lässt und es dabei an sein Ohr hält, kann ein Kratzen hören. Es wird durch bewegliche Borsten verursacht, die aus Chitin bestehen und nachwachsen können. Diese dienen dem Festklammern bei der Paarung und werden bei Bedarf wie Spikes in die Erde gestemmt, um ein Rückwärtsgleiten zu verhindern. An jedem ihrer Glieder sitzen davon acht an der Zahl. Auf unserer Handinnenfläche verursachen die Spitzen ein leichtes Kribbeln und mit Hilfe eines Mikroskops oder einer starken Lupe können wir sie sichtbar machen.

Je älter ein Regenwurm ist, desto mehr Segmente hat er, rund einhundertsechzig insgesamt. Werden Teile seines Hinter- oder Vorderendes abgetrennt, können diese oftmals fast vollständig wieder regeneriert werden.

Während der Neubildung fallen die Tiere in eine Starre. Diesem Umstand verdanken es Maulwürfe, dass sie Regenwürmer als Frischfleisch in ihrer Speisekammer einlagern können.

Bekannt und häufig ist der Gemeine Regenwurm, auch Tauwurm genannt. Mit bis zu dreißig Zentimeter Länge ist er eine unserer größten heimischen Arten. Er durchwühlt die Böden von Wiesen, Weiden, Gärten oder Parkanlagen und verbessert deren Durchlüftung. Bis in drei Meter Tiefe ist er unterwegs. Leicht verwelkte Blätter und andere Pflanzenteile sind seine Leibspeise. Gelegentlich können wir beobachten, wie er sie in seine Wohnröhren hinunterzieht. Dort übernehmen Pilze und Bakterien zunächst die Arbeit des Zerkleinerns. Wer ohne Zähne lebt, braucht Babynahrung. Sobald das Futter ausreichend verrottet ist, füllt er damit seinen Magen und verwertet es. Außerdem landen Mikroorganismen auf seinem Teller. Die Verdauungs- und Ausscheidungsaktivität der Regenwürmer fördert die Bodenqualität. Ihr Kot ist nährstoffreich und düngt besser als Komposterde.

## *Gürtelkugeln*

Apfelmuszeit. Auf der Streuobstwiese liegen die ersten Früchte des Sommers am Boden. Ein Sturm hatte sie gestern vom Baum gefegt. Mit meinem Körbchen mache ich mich im hohen Gras auf die Suche. Beim Einsammeln krabbelt ein kleiner Landkrebs davon – die Gemeine Rollassel. Sie ist blaugrau gefärbt und rund einen Zentimeter lang. Auf frischer Tat ertappt! Die angefaulte Paradiesfrucht in meiner Hand weist deutliche Fraßspuren auf, so wie damals die Radieschen in meinem Hochbeet. Nachdem ich mich eines Abends auf die Lauer gelegt hatte, waren die Tiere überführt. Sie sind wenig wählerisch und fressen, was ihnen vor die Mundwerkzeuge kommt, neben pflanzlicher Kost auch Algen, Flechten, Kadaver von Insekten und Kot.

Die Gemeine Rollassel bevorzugt offene Biotope wie Wiesen oder Weiden. Wer Steine oder Blätter vorsichtig umdreht, kommt ihr auf die Spur. Sie zählt zu den Landasseln und damit zu den einzigen Vertretern der Krebstiere, die permanent an Land leben. Ebenso wie ihre Verwandten – Flusskrebse, Langusten, Garnelen, Krabben und Hummer – besitzen diese ein panzerartiges Außenskelett. Das der Gemeinen Rollassel ist längsoval und leicht aufgewölbt wie das Gehäuse einer Schildkröte. Es besteht aus einer Reihe von Rückenplatten, die an Gürtel erinnern und flexibel sind.

Bei Trockenheit oder Gefahr rollen sich die Tiere zu einer Kugel zusammen. Ihr Panzer bietet ihnen Schutz vor Verdunstung. Landasseln atmen wie alle Krebstiere durch Kiemen und sind daher auf Feuchtigkeit angewiesen. Zusätzlich können sie auch Sauerstoff aus der Luft aufnehmen. Bei Rollasseln ist diese Fähigkeit weiter entwickelt als bei ihren Familienmitgliedern, den Keller- und Mauerasseln. Deswegen sind sie gegenüber Trockenheit weniger empfindlich und kommen auch an sonnigen Standorten vor.

Asseln verfügen über sieben Beinpaare. Ihre Brutpflege ist bemerkenswert. Die Weibchen gehen mit den Eiern spazieren. Als Babyrucksack fungiert eine mit Flüssigkeit gefüllte Blase vor dem Bauch. Etwa vierzig bis fünfzig Tage dauert die Tragzeit, dann schlüpfen die Jungtiere und verlassen ihr Aquarium. Sie sind zunächst noch sehr klein und weißlich gefärbt. Nach etwa drei Monaten sind die Kleinen ausgewachsen und gehen selbstständig auf Wanderschaft.

## *Edaphon*

Der Mittagstisch unserer Maulwürfe ist üppig und abwechslungsreich gedeckt. Außer mit den Regenwürmern im Untergrund und den Asseln in der Streuschicht teilt er sein Imperium mit Drahtwürmern, Engerlingen und

*Gemeine Rollassel*

anderen Käfer- oder Insektenlarven sowie mit unzähligen weiteren Leckerbissen, entweder für sich oder für seine Beute. Im und auf dem Boden wimmelt es von Leben im Zwergenformat.

Die Gesamtheit der Klein- und Kleinstorganismen dieses Biotops wird als Edaphon bezeichnet. Es beinhaltet sowohl die Bodenflora mit den Bakterien, Pilzen, Algen und Flechten als auch die Bodenfauna: Protozoen wie Amöben, Geißeltierchen oder andere Einzeller, Fadenwürmer, Schnecken, Ringelwürmer und Gliederfüßer wie Insekten, Tausendfüßer, Asseln, Spinnen oder Milben; ferner Wirbeltiere wie die Maulwürfe, Wühl- und Spitzmäuse.

Sie alle ziehen gemeinsam an einem Strang und arbeiten im Team. Ihre Aufgabe ist die Zerkleinerung, Umwandlung und Mineralisierung organischer Bodensubstanzen, so dass diese in umgewandelter Form als Nährstoffe dienen und von Pflanzen aufgenommen werden können. Neues Grün wächst – und dient uns und anderen Geschöpfen als Nahrung. Damit schließt sich der Kreislauf des Lebens.

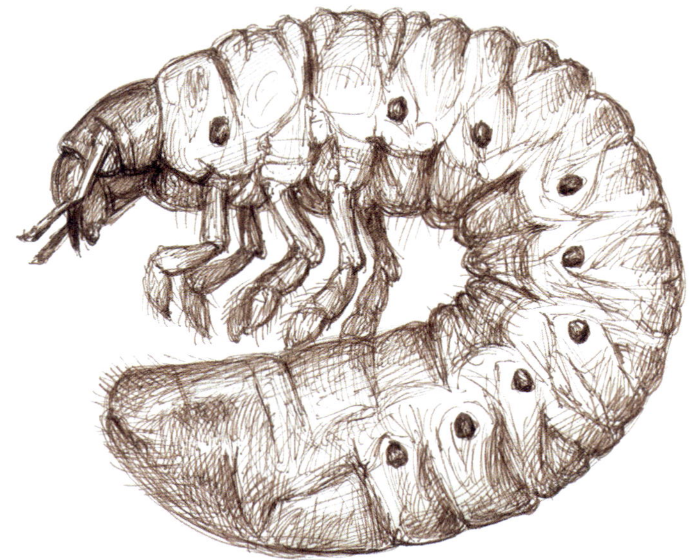

*Larve eines Blatthornkäfers*

*Wegwarte*

## *Dank und Wertschätzung*

Mein Dank und meine Wertschätzung richten sich an den Kosmos-Verlag für das Vertrauen in mich als Autorin, den Begriff „Sommerwiese“ mit Leben zu füllen, und die Veröffentlichung meines Fliegenden Wörterteppichs.

Paschalis Dougalis verleiht meinem Wortknüpfwerk mit seinen zauberhaften Aquarellen Flügel und Leichtigkeit, so dass die Leser sanft abheben und sacht über die Sommerwiesen unserer Landschaft hinwegschweben. Für diese Magie, die enge und freundschaftliche Zusammenarbeit sowie für die Erfüllung eines Wunsches bedanke ich mich aufs Herzlichste.

Der Gedankenaustausch und Glücksmomente wie das Lachen, Tanzen und Singen mit meinen Freunden während des Teppichknüpfens; deren Liebe, Mitgefühl und Verständnis sowie ihr Halt beim Wandern über steinige Pfade sind eine Energie- und Kraftquelle von unschätzbaren Wert. Mein tiefer Dank geht an Isabel Alonso Tost, Pere Alzina i Bilbeny, Núria Calsapeu i Culubret, Magdalena Campasol i Terrats, Sabine Giese, Jenny McIntyre, Sabine Rickels und Katrin Stief.

Vielen lieben Dank an meinen Vater und meine Kinder für die Teilnahme an den ersten Flugversuchen, die mich motivierten und bestärkten. Ihre Anmerkungen und das positive Feedback nach dem Lesen der Texte haben die Flugeigenschaften des Teppichs entscheidend verfeinert. Erlebnisse und Erzählungen, Liebe und Vertrauen bilden den Stramin für meine Knüpfworte. Für diesen Schatz bedanke ich mich aufrichtig und herzlich bei meiner Familie: bei meinen Großeltern, Eltern und Schwestern sowie insbesondere bei meinen Kindern, den Farbtupfern meines Lebens.

Abschließend wende ich mich voller Dankbarkeit an meine Fluggäste, die mir ihr Vertrauen geschenkt und sich auf die Lesereise durch dieses Buch begeben haben – und meinen Spuren bis zu diesem Punkt gefolgt sind.

DANKE!

## *Die Autorin*

Daniela Strauß stammt aus Niedersachsen und lebt derzeit mit ihren vier Kindern in Katalonien. „Sommerwiese“ ist bereits ihr achtes Buch zur Natur vor unserer Haustür. Erzählungen haben sie von klein auf fasziniert und Bücher waren ihre ständigen Begleiter. Schon als Kind verfasste sie eigene Geschichten, Gedichte und Songtexte. Ihr Debütwerk „Gartenvögel lebensgroß“ aus dem Jahr 2015 wurde bisher in zehn Sprachen übersetzt und 2019 neu aufgelegt. 2016 erschien ihr drittes Buch „Wer ist hier der Größte?“ und erhielt noch im gleichen Jahr den Jugendsachbuchpreis des Vereins für Leseförderung e. V. aus Baden-Württemberg.

Neben ihrer Tätigkeit als Autorin lehrt die in den Fachbereichen Englisch, Biologie und Kunst ausgebildete Grund- und Hauptschullehrerin die Fremdsprachen Englisch und Deutsch.

Seit rund 30 Jahren sind die Beobachtung und Bestimmung von Vögeln Danielas Passion. Beim örtlichen NABU Verein leitete sie eine Kindergruppe und engagierte sich in der Betreuung der Schleiereulenkästen. Von 2009 bis 2013 war sie für die Avifaunistische Kommission Niedersachsen und Bremen (AKNB) tätig, im letzten Jahr als deren Koordinatorin. Ihre Intention ist es, andere Menschen für die Flora und Fauna zu begeistern. Die Naturfreundin verbringt jede freie Minute draußen; gerne in Wäldern, auf den Feuchtwiesen der Flussmündungen oder den Bergwiesen im Hochgebirge. Dort unternimmt sie ausgedehnte Wanderungen, oftmals in Begleitung ihrer Kinder, sammelt Würzpflanzen und beobachtet mit Hingabe insbesondere Greifvögel oder deren Beute: Murmeltiere.

Darüber hinaus gehört ihre Leidenschaft der Musik. Sie lernte Akkordeon, Klavier sowie Gitarre und widmet sich aktuell dem klassischen Gesang. Als Künstlerin arbeitet sie bevorzugt mit dem Werkstoff Holz oder anderen natürlichen Materialien mit speziellem Interesse für Land-Art als vergängliche Ausdrucksform in und mit der Natur.

*Echte Kamille*

## *Empfehlenswerte Medien*

**Bücher**

- Barthel, P. H./Dougalis, P. (2019): Was fliegt denn da? Das Original. Alle Vogelarten Europas. Extra: Über 188 Vogelstimmen kostenlos mit der KOSMOS-PLUS-App hören. 200 Seiten, KOSMOS
- Dierschke, V. (2020): Welcher Vogel ist das? Über 440 Vogelarten Europas. Extra: Mit KOSMOS-Erklärfilmen zur sicheren Bestimmung. 256 Seiten, KOSMOS
- Mischitz, V. (2019): Birding für Ahnungslose. Wie du Vögel in dein Leben lässt. 128 Seiten, KOSMOS
- Svensson, L. et al. (2018): Der Kosmos-Vogelführer. Alle Arten Europas, Nordafrikas und Vorderasiens. 448 Seiten, KOSMOS
- Spohn, Golte, Bechtle (2021): Was blüht denn da? 496 Seiten, KOSMOS
- Bosch (2023): Wildkräuter am Blatt erkennen. 128 Seiten, KOSMOS
- Dreyer (2022): Die siehst du – Blumen. Das blüht um dich herum. 192 Seiten, KOSMOS
- Griebel, Presser (2021): Orchideen Europas. 496 Seiten, KOSMOS
- Bellmann (2018): Der Kosmos Insekten-Führer. 456 Seiten, KOSMOS
- Bellmann, Helb (2017): Bienen, Wespen, Ameisen. 336 Seiten, KOSMOS
- Elzner, Harde, Helb (2021): Der Kosmos Käferführer. 368 Seiten, KOSMOS
- Flück (2020): Welcher Pilz ist das? 416 Seiten, KOSMOS.
- Laux (2022): Der große Kosmos Pilzführer. 720 Seiten, KOSMOS.

Die meisten Kosmos-Bücher sind zudem auch als E-Book erhältlich.

**Kosmos-Apps**

- Gartenvögel
- Vögel füttern und erkennen
- Der Kosmos-Vogelführer
- Vögel Europas bestimmen – Was fliegt denn da?

*Königskerze*

# *Register*

Die **fett** gedruckten Seitenzahlen verweisen auf Illustrationen.

## *Impressum*

Alle Illustrationen von Paschalis Dougalis.

Umschlaggestaltung von Mathis Weymann, Populärgrafik, Stuttgart, unter Verwendung einer Zeichnung von Paschalis Dougalis. Das Bild zeigt einen Hauhechel-Bläuling auf Echter Kamille. Im Hintergrund eine Erdhummel.

Der Inhalt dieses Buches ist sorgfältig recherchiert und erarbeitet worden. Dennoch können weder Autorin noch Verlag für alle Angaben im Buch eine Haftung übernehmen.

Unser gesamtes Programm finden Sie unter **kosmos.de**.
Über Neuigkeiten informieren Sie regelmäßig unsere Newsletter, einfach anmelden unter **kosmos.de/newsletter**.

Gedruckt auf chlorfrei gebleichtem Papier


ISBN 978-3-440-17481-4
Redaktion: Heiko Fischer
Satz: TEXT & BILD | Michael Grätzbach
Produktion: Markus Schärtlein
Druck und Bindung: Westermann Druck Zwickau GmbH
Printed in Germany / Imprimé en Allemagne